MOTORPFERD UND ALLESSCHAFFER

DIE WICHTIGSTEN TRAKTOREN ALLER ZEITEN

Gerhard Schumacher

Motor buch Verlag

Einbandgestaltung: Gerhard Schuhmacher

Bildnachweis: Die zur Illustration dieses Buches verwendeten Aufnahmen stammen – wenn nicht anderes vermerkt ist – vom Verfasser. Historische Fotos und Prospekte sind aus dem Archiv vom AUTO & TRAKTOR MUSEUM

ISBN: 978-3-613-04287

1. Auflage 2019

Sie finden uns im Internet unter

www.motorbuch-verlag.de

Innengestaltung: Sven Rauert
Druck und Bindung: Graspo CZ, 76302 Zlin
Printed in Czech Republic

LIFE IS TOO SHORT ...

To Farm Without a Tractor

INHALT

Pferd und Dampf

Um 1900 gab es im damaligen Reichsgebiet 5,6 Millionen landwirtschaftliche Betriebe in Deutschland (heute ca. 270.000). Mehr als die Hälfte wirtschafteten auf einem Parzellenbetrieb, der nicht größer als zwei Hektar war. Die Ursache für die Vielzahl an Kleinbetrieben lag an der Realteilung, die z.B. in Baden, Württemberg und

Die wichtigsten Arbeitskräfte auf dem Bauernhof

Hessen praktiziert wurde. Jedes männliche (später jedes) Kind erbte. In Ländern wie Westfalen und Schleswig-Holstein galt das Prinzip der ungeteilten Hoffolge. Der Erstgeborene erhielt den Hof. In Ostpreußen, Pommern oder Schlesien traf man die ganz großen Güter an, oft in Adelsbesitz.

Die überwiegende Mehrheit der Höfe war jedoch klein und wurde von einer Lebensgemeinschaft - Bauer, Frau, viele Kinder, Eltern, unverheiratete Geschwister, Magd und Knecht - umgetrieben. Der Hof diente in erster Linie der Selbstversorgung. Alle nötigen Nahrungsmittel wurden selbst hergestellt, Bau oder Brennholz kam vom eigenen Wald.

Für die Kleidung sorgte der Flachs- und Hanfanbau. Das ein oder andere Erzeugnis aus Überschussproduktion wurde verkauft, um etwas Geld für z.B. Salz oder Petroleum zu haben.

Klingt alles sehr idyllisch, aber dem war nicht so. Das Leben auf dem Hof war hart. Beim ersten Hahnenschrei galt es aufzustehen. Nach einem Teller Milchsuppe ging es an die Arbeit und davon gab es immer genug: Felder bestellen, Sähen, Düngen im Frühjahr, Kartoffel stecken, alles im Garten anbauen, Gurken, Rettich, Kürbis, Kohl im Mai. Unkraut jäten auf den Feldern, Heu schneiden und einbringen im Juni, Roggen ernten im Juli. Andere Getreide im August, dann Beginn der Apfelernte, im September Ernte des zweiten Heus, auch Grummet genannt, im Oktober schließlich »Kartoffelgraben« und Krauternten.

Die Wintertage waren zwar kürzer, dafür wurde mehr im Haus erledigt. Der Bauer fertigte hölzerne Bedarfsgeräte, wie Rechen oder Schaufeln. Die Bäuerin und ihre Helferinnen überbrückten die winterliche Ruhezeit mit Schafwolle spinnen, Garn weben, Sachen flicken und vielem mehr. Während man im Sommer die Früchte des Gartens genoss, war die Ernährung im Winter geprägt von saurer Milch, Kartoffeln und Sauerkraut.

Landwirtschaft bedeutete harte körperliche Arbeit. Unterstützung bei der Feldarbeit boten Pferd oder Ochse. Sie waren auf jedem Hof ein wichtiges »Produktionshilfsmittel« und wurden entsprechend gehegt und gepflegt.

Zum Ende des 19. Jahrhunderts hatte sich die Dampfmaschine in vielen Bereichen durchgesetzt, auch in der Landwirtschaft. Viele Hersteller in aller Welt bauten Dampfdreschgarnituren, bestehend aus Dreschmaschine und Lokomobil.

Lokomobile waren Dampfmaschinen auf Rädern, die von Pferden zum Einsatzort gezogen wurden. Das Dreschen mit Dampfantrieb war eine große Erleichterung für die Bauern.

Die Mechanisierung der Landwirtschaft hatte zum Ende des 19. Jahrhunderts auch bei vielen anderen Tätigkeiten der Landwirtschaft Fuß gefasst. Es gab die pferdegezogenen Mäh- oder Sämaschinen, Heuwender oder Kartoffelernter.

Anfang des 20. Jahrhunderts jedoch wurde eine neue Ära der Mechanisierung der Landwirtschaft eingeleitet, nämlich die Motorisierung der Landwirtschaft.

Bauer mit Frau und Magd

Bei der Ernte (Weizen) mussten alle helfen

Werbung für Massey Erntemaschinen

Geschichte der Verbrennungsmotoren

Die Entwicklung heutiger Verbrennungsmotoren begann mit Gasmotoren und Erfindern wie Lenoir Mitte des 19. Jahrhunderts. Nikolaus Otto und Eugen Langen gründeten 1864 eine gemeinsame Firma und präsentierten 1867 auf der Weltausstellung in Paris den ersten stoßfrei laufenden Motor der Welt - die atmosphärische Gaskraftmaschine.

1872 wurde die Gasmotorenfabrik Deutz AG gegründet durch Otto, Langen und Pfeiffer. Gottlieb Daimler wurde Technischer Direktor, Wilhelm Maibach Konstruktionsleiter. Otto trieb nun die Entwicklung des 4-Takt-Motors systematisch voran und schon nach wenigen Jahren wurden 4-Takt-Gasmotoren in großen Stückzahlen gefertigt. Otto wollte jedoch einen ortsunabhängigen Motor. Die mit Leuchtgas betriebenen Motoren waren ja an die entsprechenden Gasleitungen angeschlossen.

Otto experimentierte mit flüssigem Kraftstoff und es galt das Prinzip der Zerstäubung und der Zündung zu erfinden. Beim Benzinmotor wird über den Vergaser der Brennstoff fein zerstäubt, mit Verbrennungsluft in den Zylinder gezogen und dann zum Beispiel mit einer Zündkerze und elektrischem Funken entzündet.

Nach 25 Jahren des Experimentierens erreichte Otto sein immer gehegtes Ziel. 1860 hatte er bereits vorgegeben, einen Motor zu erfinden, der ortsfest oder auf Fahrzeugen eingesetzt werden kann.

Ottos Zerstäubung und Zündsystem im 4-Takt-Verbrennungs-Motor war betriebssicher und allen anderen Verfahren überlegen. Jetzt kam die Zeit der Benz und Daimlers, der Automobile, aber auch die der ersten Traktoren.

Rudolf Diesel konzipierte zeitgleich einen Motor mit wesentlich höheren Drücken, der nicht mit Benzin und externer Zündung, sondern mit Selbstzündung des Kraftstoffs arbeitete. Der in den Zylinder eingespritzte Kraftstoff wird mit der Verbrennungsluft stark komprimiert. Dadurch ergibt sich eine Erhitzung bis zur Selbstzündung.

Mehrere Jahre tüftelten R. Diesel und Ingenieure der Maschinenfabrik Augsburg (später MAN) an diesem Hochdruckmotor. 1897 konnte schließlich ein funktionierender Motor mit einem Verdichtungsverhältnis von 20:1 vorgestellt werden. Ottomotoren hatten zu dieser Zeit ein Verdichtungsverhältnis von 4:1.

Der Dieselmotor hatte einen 30% höheren Wirkungsgrad und konnte sehr schnell für große Leistungen weiterentwickelt werden. Es sollte noch einige Jahrzehnte dauern, bis Dieselmotoren in Autos oder Traktoren verbaut wurden. Mehr dazu im Kapitel MWM Motorpferd.

Der erste Daimler Gasmotor (Einventilmotor)

Nikolaus Otto

Carl Benz

Gottlieb Daimler

DAIMLER - MOTOREN-
GESELLSCHAFT
Cannstatt
№1179
PATENT

Der erste Traktor

Lokomobile als Antriebsquelle, zum Beispiel für Dreschmaschinen, waren um die Jahrhundertwende auch in Deutschland weit verbreitet. Die Dampfmaschinen wurden mit Pferden zum Einsatzort gezogen. Daneben gab es auch selbstfahrende Lokomobile oder besser Dampftraktoren, die zum Pflügen und Ziehen von Anhängern genutzt wurden.

Dampftraktoren erfreuten sich vor allem in Amerika großer Beliebtheit, da die großen Flächen und vor allem die dortigen tragfähigen Böden, wie diejenigen der amerikanischen Prärie, den uneingeschränkten Einsatz ermöglichten.

In Deutschland wurden die schweren Kolosse in geringer Stückzahl auf großen Gütern als Pfluglokomobile genutzt. Sie wurden am Rand des Ackers aufgestellt und zogen mit ihren Seilwinden den Pflug über das Feld.

Definiert man Traktor als Zug- und Antriebsmaschine der Landwirtschaft, so war im Prinzip die selbstfahrende Dampflokomobile der erste Traktor. Der Begriff Traktor ist jedoch heute untrennbar mit dem Verbrennungsmotor verbunden. Insofern war das von John Froehlich (1848-1933) im Jahre 1892 vorgestellte Gefährt der erste Traktor im klassischen Sinn.

John, der Sohn deutscher Auswanderer, studierte Maschinenbau. Nach seinem Collegeabschluss hatte er die Idee, eine Zug- und Antriebsmaschine für die Landwirtschaft zu entwickeln. Es sollte Jahre dauern, aber 1892 stellte er seinen »Traktor« mit Vor- und Rückwärtsgang und Riemenscheibe vor. Der 16-PS-Traktor war leistungsfähig, und glaubt man den Berichten, so hat die Maschine beim Antrieb einer Case-Dreschmaschine seine Zuverlässigkeit bewiesen. In 52 Tagen konnten 72.000 Scheffel Getreide gedroschen werden, ohne Ausfall der Maschine. Der erste Traktor war geboren.

Lesen Sie mehr zu John Froehlich im Kapitel »Waterloo Boy«.

Heute existieren diverse Nachbauten und Modelle. Einen Froehlich-Traktor kann man zum Beispiel im Froehlich Village Museum in Iowa bewundern.

Der erste Traktor

Vierzon Lokomobile

HART PARR 30/60

Hersteller	Hart Parr Company - Charles City (USA)		
Typ	Hart Parr - 30/60		
Zylinder	2	Hubraum	38600 cm³
Leistung	60 PS	Gewicht	9500 kg
Bauiahr	1916		

Unzählige Firmen, Erfinder, Bastler und Phantasten experimentierten mit Verbrennungsmotoren zur Zeit um die Jahrhundertwende. Inzwischen boten zahlreiche Hersteller zuverlässige Automobile, Motorräder und erste Lastwagen mit Kraftstoffbetrieb an.

In der Landwirtschaft war die Motorisierung noch nicht angekommen. In Deutschland verrichteten um 1900 allein in der Landwirtschaft 4,2 Millionen Pferde täglich ihren Dienst. Natürlich wurden in vielen Ländern mit Verbrennungsmotoren in der Landwirtschaft experimentiert. Die ersten 20 Jahre Traktorgeschichte wurden jedoch im Wesentlichen in Amerika geschrieben. Große Flächen, geringe Spritkosten und Arbeitskräftemangel bei großer Nachfrage beflügelten eine schnell wachsende Traktorindustrie in den USA.

Die Hart Parr Gasoline Engine Company, gegründet 1902, war das erste Unternehmen mit industrieller Traktorproduktion. Die Gesellschaft nannte sich zu Recht »Founder of the tractor industry«.

1906 kam der hier gezeigte »Old Reliable« auf den Markt. Das Erfolgsmodell (3798 verkaufte Einheiten) wurde von einem ölgekühlten 2-Zylinder-Motor angetrieben. Das Fahrzeug ist mit drei Tanks - Wasser, Benzin und Petroleum - ausgerüstet. Gestartet wird mit Benzin, um danach auf das billigere Petroleum umzustellen. Da Petroleum zum »Klopfen«, d.h. zur Frühzündung, neigt, wurde Wasser zugegeben. Die beste Zugleistung wurde dann bei einem Mischungsverhältnis 1:1 (Wasser : Petroleum) erreicht.

Im Einsatz mit 6-Schaar Pflug

the great general purpose tractor

Starten des Motors

Drei Tanks, Benzin zum Starten, Petroleum und Wasser für Dauerbetrieb

Mit 6-Schaar Pflug

Avery 40/80 oder 45/65

Hersteller	Avery Company - Illinois (USA)		
Typ	Avery 45/65 mit automotiver Kühlung		
Zylinder	4	Hubraum	24.700 ccm
Leistung	65 PS	Gewicht	11.000 KG
Bauiahr	1924/25		

Dampftraktoren kamen in Amerika ab ca. 1870 zum Einsatz. 30 Hersteller, überwiegend aus USA und England, aber auch Lanz in Deutschland, verkauften um 1900 ca. 5.000 Einheiten pro Jahr. Die Fahrzeuge waren schwer, zu schwer für viele Brücken und Straßen. Es musste immer genügend Wasser bereit stehen, die Feuergefahr, zum Bespiel beim Dreschen, war groß.

Die Vorteile des Verbrennungsmotors gegenüber der Dampfmaschine lagen auf der Hand. Kluge Hersteller von Dampfmaschinen stellten deshalb frühzeitig um. Andere endeten im Konkurs oder wurden vom Wettbewerber übernommen.

Die Avery Company, einst ein erfolgreicher Hersteller von Dampftraktoren, verkaufte das hier dargestellte Modell 40/80 in den Jahren 1913 bis 1920. Dem 4-Zylinder-Motor wurden vom Hersteller eine Leistung von 40 PS an der Ackerschiene und 80 PS am Riementrieb zugeschrieben. Der Avery 40/80 kostete 1914 2.650 $. Zum Vergleich: 5 kg Kartoffeln waren für 25 Cent zu haben.

Im Jahr 1919 wurde in den USA der Nebraska-Test eingeführt, nachdem viele Hersteller bei ihren Leistungsangaben gemogelt hatten. In diesen Gründerzeiten wurden oft Traktoren verkauft, die letztendlich unbrauchbar waren, da sie konstruktive Mängel aufwiesen oder zu anfällig waren. Viele Landwirte kamen dadurch in wirtschaftliche Schwierigkeiten. Deshalb wurde 1919 das Nebraska Test Law verabschiedet.

Der Avery 40/80 konnte im Test nur eine Leistung von ca. 45/65 PS nachweisen. Der Traktor hatte fortan die Bezeichnung Avery 45/65.

Die Maschine wurde 2012 vom Auto & Traktor-Museum auf einer amerikanischen Online-Auktion ersteigert. Einige Monate lang konnte er wegen Eis und Schnee nicht zur Küste bzw. zum Hafen transportiert werden. 2013 im Sommer kam er endlich am Bodensee an. Nach einer halben Stunde (Öl-check etc.) lief er nach nur einer Umdrehung des Motors, obwohl er viele Jahre nicht im Einsatz war.

Darstellung des Avery im Prospekt

Das ist kein kleiner Traktor

Abtransport in den USA

Der Fahrerstand schon mit gefederter Bodenplatte

Bergmann

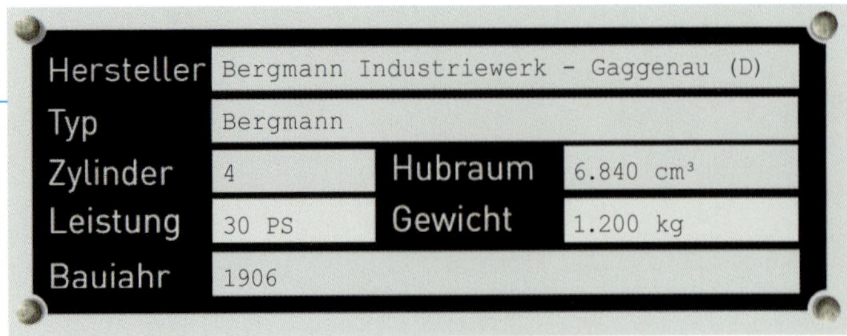

Theodor Bergmann wurde als Sohn des Gastwirts und Brauerbesitzers Johann Adam Bergmann geboren. Nach dem Besuch der Sailaufer Volksschule und der Gewerbeschule in Aschaffenburg suchte er Herausforderungen. Dank seiner technischen Begabung und seines kaufmännischen Spürsinns gelang es ihm schon bald, sich in einer Zeit des technischen Fortschritts und des industriellen Umbruchs zu etablieren. Nachdem er sich als Konstrukteur und Erfinder in Industriekreisen einen Namen gemacht hatte, wurde er bald Direktor und Teilhaber und schließlich selbstständiger Fabrikbesitzer.

Theodor Bergmann gründete 1883 die Bergmann-Industriewerke in Ottenau/Gaggenau (später Süddeutsche Automobil-Fabrik Gaggenau) und stellte zunächst Haushaltswaren, Herde und Verkaufsautomaten her. Später produzierte Bergmann Fahrräder und baute ab 1894 Automobile. Dabei sind zwei seiner Modelle besonders hervorzuheben, und zwar der Orientexpress und der Lilliput, der sich bald zu einem Volksautomobil entwickelte. Aus marktwirtschaftlichen Gründen verlegte sich Theodor Bergmann im Wesentlichen auf die Herstellung von Lastkraftwagen und versuchte sich auch in Traktoren.

Im Jahr 1910 verkaufte Bergmann seine Automobilfabrik an Benz & Cie. Und widmete sich fortan nur noch der Herstellung und Verbesserung von Maschinen- und Handfeuerwaffen in seiner Fabrik in Suhl.

Hinterräder mit Stahlgreifern

Die Bergmann'sche Industriewerke waren um 1900 schon in aller Welt vertreten

Handhebel für Nebenabtrieb und Gangschaltung

Typenschild

Zweistoffmotor mit kleinem Benzintank zum Starten und großen Tank für Benzol etc. für einen preisgünstigen Dauerbetrieb

Wallis Cub

Hersteller	J.I. Case Plow Company - Wisconsin (USA)		
Typ	Wallis Cub		
Zylinder	4	Hubraum	12.919 cm³
Leistung	44 PS	Gewicht	3.797 kg
Bauiahr	1915		

Dieser Traktor der J.I. Case Plow Company war ein Meilenstein in der Traktorentwicklung und zugleich ein wirtschaftlicher Flop. Nur 660 Einheiten wurden in 6 Jahren verkauft.

Zu der Zeit als der Wallis Cub 1914 auf den Markt kam, wurden alle Traktoren wie einst die Dampfmaschine gebaut. Auf einem verschraubten oder vernieteten Rahmen aus Profilstahl wurden der Motor und das Getriebe sowie die Achsen befestigt.

Die cleveren Ingenieure nutzten beim Wallis Cub Motor, Getriebe und Hinterradantrieb als tragende Elemente. Ein Extra-Rahmen war nicht mehr nötig. Der Traktor war verwindungssteifer und einfacher im Gelände zu fahren, die Montage einfacher und billiger. Ford übernahm später dieses Prinzip bei seinem Erfolgsmodell Fordson. Die Fließbandmontage konnte bei diesem Bauprinzip ideal eingesetzt werden.

Da der Fahrer nicht sehen konnte, in welche Richtung das Vorderrad steht, hat jeder Wallis Cub, über dem Vorderrad, eine Stange nach oben, mit einem Bären aus Gusseisen (stammt von dem Vorgängertraktor Wallis Bear). An der Ausrichtung dieses Bären erkennt der Fahrer, in welche Richtung er losfährt.

Die Anlasskurbel sitzt hinten. Man braucht also viel Kraft zum Andrehen, da Teile des Getriebes mitgedreht werden müssen!

Das Fahrzeug wurde bei einer Auktion in den USA direkt an der mexikanischen Grenze ersteigert (siehe Foto) und von Grund auf instandgesetzt. Das Foto der Restauration zeigt die massive Ölwanne, das tragende Teil des Traktors.

Instandsetzung / Neuaufbau der Maschine

Deutlich sichtbar der gusseiserne Bär zur Richtungsangabe für den Traktorfahrer

Die massive Ölwanne des Motors ist tragendes Teil des Traktors

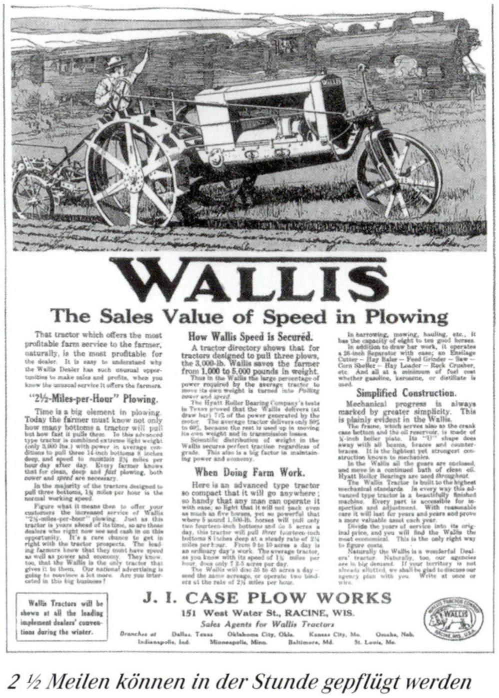

2 ½ Meilen können in der Stunde gepflügt werden

Fundzustand in Yuma/Arizona an der mexikanischen Grenze

Moline Plow C

Hersteller	Moline Plow Company - Moline Illinois (USA)		
Typ	Moline Plow C		
Zylinder	2	Hubraum	3.828 cm³
Leistung	6/12 PS	Gewicht	1.320 kg
Bauiahr	1915		

Die Moline Plow Company wurde 1865 unter dem Namen Candee, Swan & Company gegründet und ist eine für die USA typische Erfolgsgeschichte. In Moline (Illinois) war zu dieser Zeit bereits John Deere mit landwirtschaftlichen Geräten sowie Pflügen, die sie »Moline Plow« nannten, als großer Hersteller in ganz USA aktiv. Die junge Gesellschaft Candee, Swan & Company war schnell erfolgreich, ebenfalls mit Pflügen und dank erfolgreichem »Funding«.

1870 betrug das genehmigte Kapital bereits 300.000 $. Man entschied sich, die Firma jetzt Moline Plow Company zu nennen. Bei verschiedenen Gerichtsverhandlungen konnte sich das Unternehmen gegen John Deere durchsetzen und durfte die Firmierung weiternutzen. Im Westen und Osten von Amerika war dank John Deere »Moline Plow« ein Begriff, so dass die Pflüge der Moline Plow Company reißenden Absatz fanden. 1884 wurde eine neue Pfluggeneration eingeführt:

der »Flying Dutchman«. Er hatte nicht zwei Räder wie bisher, sondern war dreirädrig.

1908 beschäftigte das Unternehmen 2.000 Mitarbeiter und schwamm geradezu auf einer Erfolgswelle. 1913 kaufte Moline Plow alle Rechte und Konstruktionen an der Universal Tractor Company. Es war der Anfang der Traktorproduktion in Form einer zweirädrigen Zugmaschine mit Anbaugerät. Verschiedene Verbesserungen führten zum Typ B und C (auf den Fotos abgebildet). Die Gesellschafter und das Management wechselten oft - auch in den Folgejahren. Vor allem in der Nachkriegszeit prägten immer wieder wirtschaftliche Probleme aufgrund mangelnder Nachfrage das Unternehmen. Die Goldgräberzeiten waren vorbei.

Um es kurz zu machen, im Jahre 1929 wurden die Aktivitäten verschiedener Firmen und auch die der Moline Plow Company zusammengefasst in einer neuen Gesellschaft namens »Minneapolis-Moline Power Implement Company«. Mehr dazu im Kapitel »Minneapolis 17-30«.

Bedienung der Maschine über das Gestänge

Der Zahnkranz für die Lenkung des Gefährts

Agro

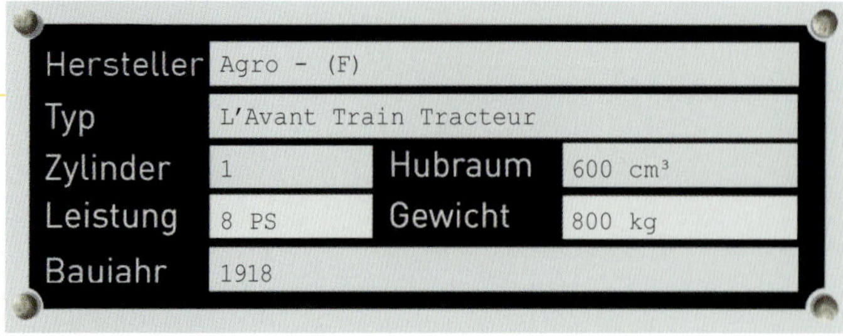

Hersteller	Agro - (F)		
Typ	L'Avant Train Tracteur		
Zylinder	1	Hubraum	600 cm³
Leistung	8 PS	Gewicht	800 kg
Bauiahr	1918		

Anfang der 1920er-Jahre wurde von der Firma Agro eine neue Generation der Einachser-Zugmaschinen vorgestellt. Die Maschine hatte einen 12-PS-Zweitaktmotor mit Wasserkühlung. Nach Angaben des Herstellers war diese Zugmaschine das ideale Gerät für den kleinen bis mittelgroßen Bauernhof. Der Einachser war extrem einfach aufgebaut, ohne Getriebe und ohne Differenzial. Im Prospekt wird geworben: »Ein Motor, drei Ketten, sechs Ritzel, fertig ist die Maschine. Einfach zu bedienen und äußerst preiswert in der Anschaffung. Kostet weniger als zwei Pferde, aber bringt die Leistung von 6 Pferden.«

Das »Lenkgetriebe«

Für die Bedienung ist ein Lenkrad mit zwei Hebeln ausreichend. Einer für Gas und der andere für die Kupplung, ein und aus. Mehr ist nicht vorhanden. Vor- oder Rückwärtsfahren wird über einen Hebel an den Rädern eingestellt (siehe Foto). Für Wenden auf der Stelle muss an beiden Rädern eine entgegengesetzte Stellung des Hebels eingestellt werden. Wenn das Fahrzeug auf der Stelle dreht, macht das Lenkrad gefährliche Seitwärtsbewegungen.

Der Rahmen besteht aus einer aufwändigen Gusskonstruktion, in dem die Übersetzung der Räder verlagert ist. Der Motor mit Tank ist mit vier Schrauben am Chassis befestigt. Auf diese Art kann der Motor einfach auch vom Chassis abgehoben werden und als Stationärmotor zum Einsatz kommen.

Nach Angaben des Vorkaufsprospektes wurden in der Blütezeit Anfang der 1920er-Jahre 150 Einheiten pro Monat hergestellt. Ob dies der Wirklichkeit entsprach, kann heute wohl nicht mehr festgestellt werden. Tatsache ist jedoch, dass der »L'Avant-Train Tracteur« im Laufe der 1920er-Jahre relativ schnell wieder vom Markt verschwand.

Räder mit Verstellhebel für Rückwärtsfahrt

Zugmaschine mit Wendepflug

Wichtige Empfehlungen zum Betrieb der Maschine

Die Universalmaschine

Der Sitz war bei Kurvenfahrt eine Art »Schleudersitz«

IHC Mogul 8-16

Hersteller	IHC - Illinois (USA)		
Typ	Mogul 8-16		
Zylinder	1	Hubraum	9.884 cm³
Leistung	16 PS	Gewicht	2.270 kg
Baujahr	1916		

International Harvester Company war bis in die 1980er-Jahre ein erfolgreicher Hersteller von Traktoren, Automobilen und LKWs sowie landwirtschaftlichen Maschinen. Das Unternehmen wurde 1902 durch den Zusammenschluss von fünf Unternehmen ins Leben gerufen, die größten darunter McCormick und Deering. Frühzeitig befasste sich das neue Unternehmen mit dem Traktorbau. Rivalitäten waren in dem bunten Haufen aus verschiedenen Unternehmen nicht zu vermeiden und so wurden in den Deering-Werken Traktoren der Baureihe Titan entwickelt und gebaut und in den ehemaligen McCormik-Werken die Baureihe Mogul.

Alte und neue Technik auf dem Feld

Es waren zunächst schwere Prärietraktoren, die nur wenige Jahre verkauft wurden. In den Jahren 1910 hatte bereits die Nachfrage nach den großen Maschinen Jahr um Jahr nachgelassen. Viele Unternehmen in den USA entwickelten jetzt einen »lightweight tractor«. International Harvester hatte diese Entwicklung nicht verschlafen und brachte 1914 neben dem Titan 10-20 auch diesen Mogul 8-16 auf den Markt. In den folgenden fünf Jahren verschwanden 1/3 der amerikanischen Traktorproduzenten vom Markt. Sie hatten die Umstellung schlichtweg verschlafen.

In den Jahren nach 1910, als die Nachfrage nach großen Prärietraktoren nachließ, kam der Mogul 8-16, später 10-20 auf den Markt. Der Mogul war durch die Zwillingsvorderräder sehr wendig und ideal für kleinere Flächen.

Die Amerikaner waren begeistert vom Mogul, denn er war leicht zu handhaben und zuverlässig. Es war ein echter »2 plough tractor« und konnte ideal das Pferdegespann ersetzen. In den Jahren 1914–1919 wurden 23.000 Mogul 8/16 und 10/20 hergestellt.

Bereits im Jahr 1908 wurde die IHC Neuss GmbH gegründet, die ab den 1950er-Jahren Deutschland mit den »roten Traktoren« überschwemmte. In Neuss waren in den 1950er-Jahren bis zu 5.000 Mitarbeiter beschäftigt. 1997 wurde das Werk geschlossen und abgerissen.

Der sparsame »Small-Farm« Traktor Mogul 8-16

Die Kupplung

Der Antrieb über offene Kette

Waterloo Boy

Hersteller	Waterloo Gasoline Company - Iowa (USA)		
Typ	Waterloo Boy - R		
Zylinder	2	Hubraum	6.486 cm³
Leistung	25 PS	Gewicht	2.814 kg
Bauiahr	1917		

John Froehlich hatten wir bereits als Erfinder des ersten Traktors kennengelernt. Als Unternehmer war er nicht erfolgreich, aber er war bei der Gründung der Waterloo Gasoline Engine Company beteiligt, die zunächst erfolglos Traktoren herstellte. Er schied bald als Gesellschafter aus. Das Unternehmen versuchte sich weiter im Stationärmotoren- und Traktorenbau mit bescheidenen Erfolgen.

1914 wurde ein neues 2-Zylindermodell vorgestellt, mit der Typenbezeichnung R. Das Fahrzeug hatte einen wassergekühlten Motor, einen Vor- und einen Rückwärtsgang. Der unkomplizierte Traktor fand schnell viele Liebhaber, denn er war einer der ersten Traktoren des Nebraska-Tests, den der Traktor mit guter Bewertung abschloss.

Fahrzeug wurde produziert in Waterloo Iowa. Daher der Name Waterloo Boy

Radantrieb

Seit Beginn des 20. Jahrhunderts befand sich die Traktorindustrie in den USA in stetem Aufschwung. Bereits im Jahr 1912 wurden in Nordamerika 12.000 Traktoren hergestellt und das bekannte Unternehmen John Deere war zwar erfolgreich mit Pflügen und allerlei landwirtschaftlichen Maschinen, hatte aber keine Traktoren im Angebot. Verschiedene Versuche in den Jahren 1912 bis 1918, einen eigenen Traktor zu bauen, waren nicht von Erfolg gekrönt.

Schließlich erwarb John Deere im Jahr 1918 alle Anteile der Waterloo Gasoline Tractor Company.

Der Waterloo Boy war nicht der technisch modernste Traktor seiner Zeit, aber er öffnete John Deere die Türen zum Traktormarkt. In den folgenden Jahren wurde er weiter entwickelt (Modell N), so dass bis Ende 1923 über 28.000 Waterloo Boys hergestellt wurden. Zusätzlich wurden ca. 4.000 Maschinen nach England geliefert, um während des Ersten Weltkrieges die dortige Ernährungslage zu verbessern. Der Importeur in England bezeichnete die Traktoren mit seinem Namen »Overtime Farm Tractor«.

Originalzustand bei der Versteigerung in Kanada

Waterloo Boy im Einsatz mit John Deere Pflug

2-Zylinder Motor mit gut sichtbaren Ventilen, Kipphebel und Stößel

CASE 12/25

Hersteller	Case Threshing Machine Comp - Racine WI(USA)		
Typ	Case - 12/25		
Zylinder	2	Hubraum	8.829 cm³
Leistung	25 PS	Gewicht	4086 kg
Bauiahr	1916		

Die Anzahl produzierter Traktoren in den USA stieg von einigen Tausend im Jahre 1910 auf über 200.000 produzierte Traktoren in 1918. Hatten die Unternehmer mit ihren Fabriken also »Goldesel«? Mitnichten!!

Die meisten Hersteller hatten mit Wettbewerb und Kundschaft zu kämpfen. Viele waren ständig auf Suche nach Geldgebern, um das Wachstum zu

finanzieren. Überall gab es »Spin-offs«, also Mitarbeiter machten sich selbstständig mit eigener Traktorproduktion.

So ist die Geschichte vieler Hersteller ein Hin und ein Her mit verschiedenen Gesellschaftern, verschiedenen Namen, Übernahmen anderer Hersteller, Pleiten und Neugründung. CASE Threshing Maschine Company ist hierfür ein Paradebeispiel und die Geschichte lässt sich nicht auf zwei bis drei Seiten erzählen.

So übernahm die Gesellschaft im Laufe der Jahrzehnte diverse andere Hersteller wie Emerson-Brantingham (1828), Rock Island (1937) und später David Brown (1972), den Großtraktor-Hersteller Steiger (1986) und den Österreicher Steyr (1995).

Zuvor im Jahre 1984 wurde jedoch die Landmaschinensparte von International Harvester übernommen und der Name war fortan CASE IH.

1999 wurde Case wiederum vom Fiat-Konzern übernommen und zusammen mit New Holland unter dem Namen CNH geführt: Case-New Holland. 2013 fand ein weiterer »Merger« innerhalb des Fiat-Konzerns statt, so dass bis heute Case-Traktor unter dem Namen CASE IH verkauft werden. Alles klar???

Der hier abgebildete 12/25 ist einer der ersten Case-Traktoren. Mehr darüber im Kapitel »CASE 22-40«.

Emblen und Markenzeichen von CASE

Erster CASE Benzintraktor nach vielen tausend verkauften Dampftraktoren

Außergewöhnlich formschöner Traktor für das Jahr 1916

Gray - 18/36

Hersteller	Gray Tractor Manufacturing Comp - Minnesota (USA)		
Typ	Gray - 18/36		
Zylinder	4	Hubraum	7.840 cm³
Leistung	36 PS	Gewicht	2.814 kg
Bauiahr	1919		

In den 10er- und 20er-Jahren des letzten Jahrhunderts war Minneapolis, Minnesota eine Hochburg der Traktorindustrie in den USA. Bis zu zwanzig Hersteller bemühten sich zeitweise um die Gunst der Farmer. Bei diesem harten Wettbewerb war es entscheidend, sich technisch gegen die anderen Hersteller zu profilieren. Die Ingenieurskunst offenbarte ungeahnte Blüten.

Die ersten Traktoren der Gray Tractor Company hatten zwei breite, eng nebeneinander stehende Antriebsräder. 1914 nach dem Kauf der Chandler Kapp Company wurden die ersten Gray »drum-drive« Traktoren angeboten. Ab 1918 wurde das Erfolgsmodell Gray 18/36 mit einem WAUKESHA-Benzinmotor verkauft.

Die Ingenieure bei Gray ließen die beiden Hinterräder sterben!

Eine große »Stachel«-Walze war beim Gray 18/36 das Antriebsrad. Die Kraftübertragung erfolgte per Kette. Der gesamte Aufbau war einfach. Ein Differential war nicht nötig! Der Traktor wurde mit vielen schlagenden Argumenten beworben, wie zum Beispiel »einfachste Konstruktion« - »keine tiefe Fahrspuren«, »geringe Flächenpressung«, »gute Übersicht, einfaches Lenken und Wenden«, usw.

Die Übersichtlichkeit wurde bald bemängelt und Gray installierte daraufhin einen Schwenksitz nach außen, so dass der Maschinist seitlich außerhalb der Maschine saß. Dort saß der Fahrer sehr unbequem und jeder Stein wirkte auf den Sitz wie ein Katapult. Die Fahrer von Gray-Traktoren betonten immer: »The Tractor will find every stone in the field and on the road.«

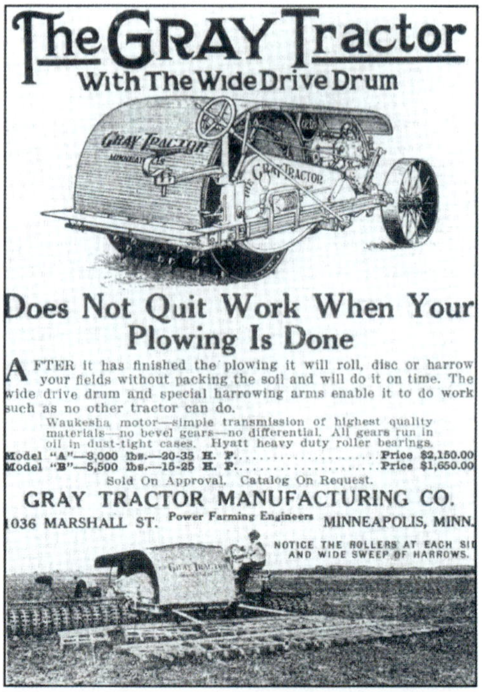

Typ A für 2150 $ und Typ B nur 1650 $

Fundort Mittlerer Westen USA

Gusseisernes Lenkrad mit leichten Gussfehlern

Es wurde einfaches Wellblech zur Einhausung des Traktors verwendet

Citroen

Hersteller	André Citroën S.A. - (F)		
Typ	Citroën		
Zylinder	4	Hubraum	1.327 cm³
Leistung	10 PS	Gewicht	840 kg
Bauiahr	1919		

André Citroën war ein genialer Konstrukteur. Er war 1912 das erste Mal in den USA. Dort konnte er nicht nur die rege Nachfrage nach Automobilen, sondern auch die bereits sehr fortschrittliche Motorisierung in der Landwirtschaft bewundern. Es gab in den USA bereits viele Hersteller, und vor allem verfolgte André Citroën die ersten, aber konsequenten Schritte von Ford, insbesondere im Traktorenbau. In den Folgejahren entschied er sich, ebenfalls einen kleinen Traktor zu bauen, speziell für alle anfallenden Arbeiten im Weinberg. Als Motor stand ihm aus der Fahrzeugproduktion ein Vierzylinder-12-PS-Motor vom PKW Typ A zur Verfügung.

Der erste Traktor wurde 1919 auf einem landwirtschaftlichen Wettbewerb in Montpellier vorgestellt. Der Traktor erzielte gute Ergebnisse und wurde allgemein gelobt, obwohl immer wieder bemängelt wurde, dass die Motorisierung mit 12 PS (bei 1600 Umdrehungen) zu schwach war. Dennoch war er für diese Zeit ein moderner Traktor mit zwei Vorwärts- und einem Rückwartgang. Es gab einen Kühler mit Lüfterrad und die Hinterräder konnten einzeln gebremst werden.

Senkrechte Lenksäule vorne und Tank im Rücken des Traktoristen

Handhebel für Aushebung. Pflug oder Egge hinten

Traktor mit schöner Patina und Räder noch in Originalfarbe

Riementrieb vorne

Fordson Model N

Hersteller	Fordson - (USA)		
Typ	Model N		
Zylinder	4	Hubraum	4.300 cm³
Leistung	22 PS	Gewicht	1.100 kg
Bauiahr	1941		

1917 gründet Henry Ford mit seinem Sohn die Gesellschaft Henry Ford & Sohn, allgemein als Fordson bekannt. Im Vorfeld war ein für die Massenfertigung günstiger Traktor, Model F, entwickelt worden. Der Traktor war kompakt in Blockbauweise, minimalistisch auf das Wesentliche reduziert. Henry Ford übernahm die Fließbandfertigung aus der PKW-Produktion. Ein Auftrag über 6.000 Traktoren aus England war eine echte Starthilfe (England wollte die eigene Landwirtschaft in Schwung bringen, angesichts des tobenden Ersten Weltkrieges).

Der Fordson F war durch Konstruktion und Massenfertigung sehr preisgünstig und eroberte sich schnell die Märkte. Bis 1920 wurden 162.666 Traktoren verkauft. Von 1921 bis 1925 verließen beinahe 400.000 Maschinen die Bänder und bis 1930 nochmals über 200.000. Während bis 1924 der Import nach Deutschland verboten war, um die deutschen Hersteller zu schützen, florierte der Export weltweit. Die Sowjetunion importierte zwischen 1921 und 1927 alleine über 25.000 Maschinen. Der Marktanteil in den USA lag bei 70%. Fordson war ein wirklich dominanter Hersteller.

Im Februar 1928 überraschte Ford die Öffentlichkeit mit der Nachricht, dass in den USA (nicht im Zweigwerk Irland) die Fordson-Produktion eingestellt werden würde. Der Wettbewerb war stärker geworden und in vieler Hinsicht technisch besser.

Der hier abgebildete Ford N ist ein spätes Modell aus irischer Produktion.

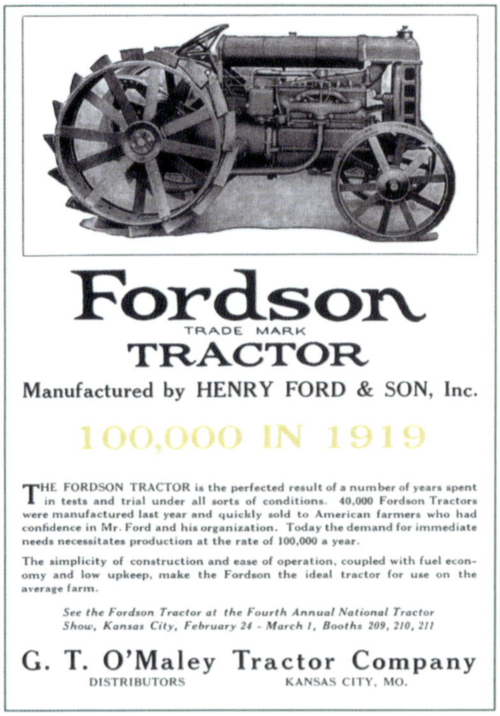

Der mit Abstand erfolgreichste Traktor seiner Zeit

Allein 1919 wurden 100.000 Fordson Traktoren hergestellt.

Diese Straßenzugmaschine wurde in Irland gefertigt

Frostschaden fachmännisch repariert

Lanz Gespannbulldog

Hersteller	Lanz - Mannheim (D)		
Typ	Gespannbulldog (Eigenbau)		
Zylinder	1	Hubraum	6.238 cm³
Leistung	12 PS	Gewicht	1.300 kg
Bauiahr	1921		

Die Firma Lanz Mannheim war bereits Ende des 19. Jahrhunderts ein äußerst erfolgreicher Hersteller von Lokomobilen, Dreschmaschinen und landwirtschaftlichen Geräten.

Ein leitender Ingenieur Dr. Fritz Huber entwickelte ab 1916 einen Glühkopfmotor, zunächst auf einem Fahrgestell. Mit Pferdekraft wurde er zum Einsatzort gezogen, um eine Dreschmaschine oder andere Gerätschaften anzutreiben. Huber griff bei seiner Motorenentwicklung auf die Erfindung des Schotten Herbert Akroyd zurück, der bereits 1890 Glühkopfmotoren erfolgreich einsetzte. Der Aufbau des Zweitakt-Selbstzündermotors war äußerst einfach (siehe Foto). Kurbelwelle, 1 Zylinder und Kolben, Zylinderkopf mit Einspritzdüse und Glühnase. Mit einer einfachen Einspritzpumpe und einer Ölpumpe für die Schmierung war der Motor schon komplett. Keine Ventile, keine Zündanlage, kein Kühler, wenig bewegte Teile garantierten problemlosen Betrieb.

Frühes Lanz Werbeschild

Der »Motorkopf« mit Glühnase und Einspritzdüse

Gespannbulldog (Eigenbau) mit Lanz-Dreschmaschine

Funktionsschema des Lanz Glühkopfmotors

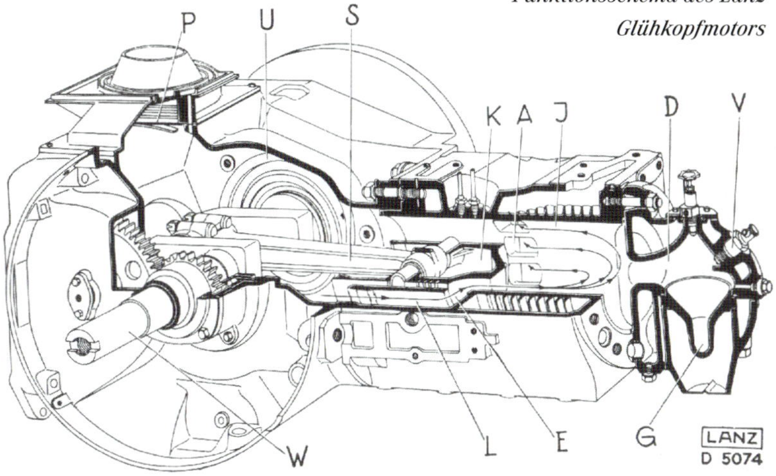

Bild 42. Motor (Schnitt).

D Zylinderkopf
J Zylinder
L Frischluftkanal
S Pleuelstange
U Kurbelgehäuse
V Zündkerze
W Kurbelwelle

Lanz HL12

Hersteller	Lanz - Mannheim (D)		
Typ	HL12 Einfachbereifung		
Zylinder	1	Hubraum	6.238 cm³
Leistung	12 PS	Gewicht	1.850 kg
Bauiahr	1923		

Hersteller	Lanz - Mannheim (D)		
Typ	HL12 Doppelbereifung		
Zylinder	1	Hubraum	6.238 cm³
Leistung	12 PS	Gewicht	2.360 kg
Bauiahr	1924		

Der Lanzmotor im Gespannbulldog lief äußerst zuverlässig, so dass die Ingenieure ihm alsbald ein Fahrgestell, ein paar Zahnräder, einen Sitz und ein Lenkrad verpassten. Der Motor war nun selbstfahrend, ja er konnte auch einen Anhänger ziehen.

Auf der DLG-Ausstellung 1921 wurde dieser Rohölschlepper der Welt vorgestellt. Es war ein kleiner, aber zugstarker Traktor mit der Typenbezeichnung HL 12.

Der selbstfahrende Motor war für die Landwirtschaft eine große Hilfe. Als Zugmaschine für Anhänger oder Dreschmaschine und als Antriebsmotor für Mühlen, Dreschmaschinen und vieles mehr wurde der kleine Lanz zum unentbehrlichen Helfer.

Die Deutsche Motorzeitschrift berichtete im Folgejahr wie folgt: »wohl der verbreitetste Traktor ist der Bulldog von Lanz in seiner neuen rassigsten Ausführung ... die Leistung von 12 PS entspricht etwa der von drei Pferden. Dabei hat er dem Pferd voraus, dass er länger als acht Stunden arbeiten kann und nichts frisst, wenn er nicht arbeitet. Seine Betriebskosten betragen 1/3 von denen eines Pferdebetriebs ...«

Der Selbstfahrerbulldog als Antriebsquelle für die Dreschmaschine

Der Gummibulldog wurde meist im Straßentransport eingesetzt.

Späterer Doppelbulldog bereits mit gleichgroßen Schwungscheiben

Pflüger und Steinert / fahrbare Säge

Die erste Bandsäge wurde 1808 von Newberry erfunden. Nachdem die allgemeine Motorisierung, nach der Jahrhundertwende in allen Bereichen Fuß fasste, wurden auch fahrbare Sägen gebaut. Die ersten bekannten Exemplare datieren um die Jahre 1910. Selbstfahrende Sägen wurden bis Ende der 1950er Jahre gebaut. Es waren sehr oft Einzelstücke von Bastlern oder lokalen Dorfschmieden. Die Motoren waren überwiegend Marke Deutz aber auch Güldner-Motoren und nach dem Zweiten Weltkrieg Kälble oder Allgaier-Motoren. Einige wenige Hersteller produzierten fahrbare Sägen in Kleinserie wie Kälble Backnang oder Pflüger und Steinert Esslingen. Über Riementrieb erfolgte von Stationärmotoren der Antrieb auf die Achsen. Mittels einer klassischen Riementriebumstellung, sowie man sie vom stationären Riementrieb kennt, wurde der Antrieb auf die Säge umgestellt.

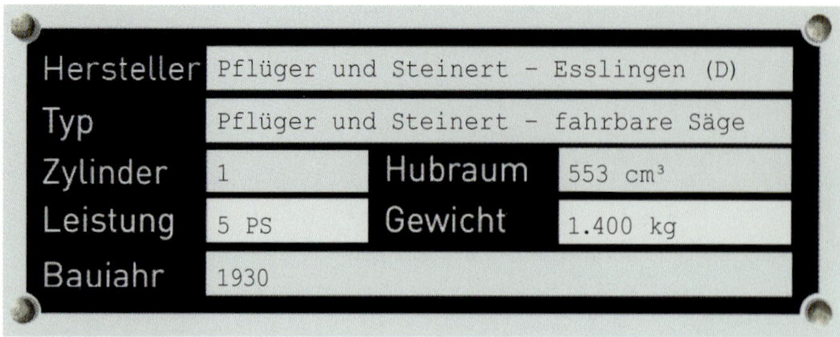

Lohnsäger auf dem Dorfplatz

In den Bildern dargestellt ist ein Exemplar (Baujahr 1920) der Esslinger Firma Pflüger und Steinert, die sich auf den Bau fahrbarer Sägen spezialisiert hatte (ein älteres Exemplar desselben Herstellers; im Prospekt datiert 1913). Der Fahrer saß einfach auf dem Sägetisch und hatte noch vorne eine Möglichkeit zum Abstellen der Füße. Das Lenkrad befand sich zwischen den Beinen. Über einen seitlichen Hebel wurde der Riemen auf Fahrstellung gebracht und mit einem kräftigen Ruck ging es vorwärts. Gebremst wurde über eine klassische Holzklotzanhängerbremse. Schnelles Stoppen war nicht möglich, denn die Bremskurbel musste viele Umdrehungen erfahren, bis der Bremsvorgang wirklich spürbar wurde. Eingespielte Teams konnten mit diesen Maschinen etliche Raummeter in der Stunde sägen und spalten.

In den 1950er-Jahren wurden die fahrbaren Sägen nach und nach durch an Traktoren angebaute Bandsägen ersetzt. Diese Bandsägen waren moderner aufgebaut. Mit wenigen Handgriffen waren sie am Traktor angebaut und wurden über die Zapfwelle angetrieben.

Der Vorrat reicht noch für zwei Stunden Arbeit

Vorratsschrank für Sägebänder und Werkzeug sowie Vesper

Ältere Säge von Pflüger und Steinert jedoch mit ähnlichem Aufbau

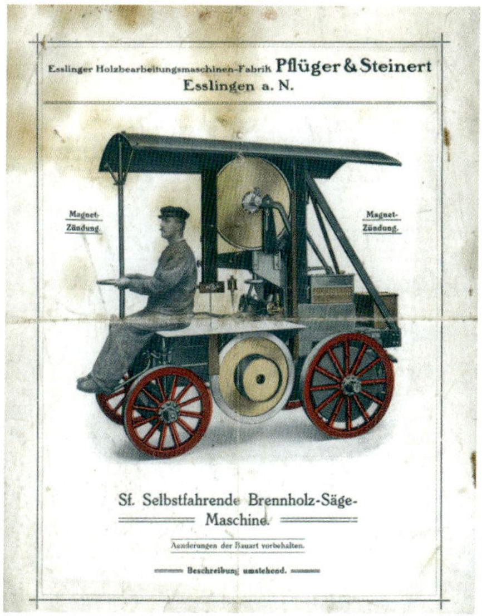

Esslinger Holzbearbeitungsmaschinen-Fabrik Pflüger & Steinert
Esslingen a. N.

Magnet-Zündung

Magnet-Zündung

Sf. Selbstfahrende Brennholz-Säge-Maschine.

Aenderungen der Bauart vorbehalten.

Beschreibung umstehend.

Lanz HL12

Hersteller	Lanz - Mannheim (D)		
Typ	Lanz - Balkan HL		
Zylinder	1	Hubraum	6.238 cm³
Leistung	12 PS	Gewicht	1.850 kg
Bauiahr	1925		

Hersteller	Lanz - Mannheim (D)		
Typ	Lanz - Verkehrsbulldog		
Zylinder	1	Hubraum	6.238 cm³
Leistung	12 PS	Gewicht	2.360 kg
Bauiahr	1925		

Der HL 12 (Heinrich Lanz, 12 PS) war äußerst erfolgreich und wurde nicht nur in der Landwirtschaft, sondern auch im Transportgewerbe eingesetzt. Der Hersteller bot verschiedenste Bereifung für jeden denkbaren Einsatz an. Für den Straßentransport Vollgummi, für die Landwirtschaft Eisenbereifung mit Ackerprofil und für besonders schwierigen Untergrund die »Balkanbereifung«.

Die Maschine glänzte mit einer Höchstgeschwindigkeit von 4,2 km/h vorwärts und rückwärts. Ein Getriebe war nicht vorhanden und zum Rückwärtsfahren musste mit viel Geschick der Motor umgesteuert werden auf die andere Drehrichtung.

Der vermehrte Einsatz des HL 12 im Transportgewerbe führte 1923 zur Entwicklung des Verkehrsbulldogs. Die Schwungräder waren jetzt gleich groß und gekapselt. Die Räder vorne und hinten waren als Scheibenräder ausgebildet (hinten meist Zwillingsbereifung). Dadurch erhöhte sich das Gewicht auf 2.360 kg und die Zugkraft auf 8 Tonnen. Später wurde auch ein 2-Gang-Getriebe für 6 bzw. 12 km/h angeboten. Bis zum Jahre 1927 wurden über 6.000 Fahrzeuge in alle Welt verkauft.

Der »12er Lanz« als Antriebsquelle eines Kleemann - Steinbrechers im Straßenbau

Balkanbulldog mit breiten Greifern auf den Hinterrädern für bessere Traktion im Feld

Oben: Lohndrescher mit Dreschmaschine, Presse und Lanz HL als Zugmaschine. Sie zogen von Hof zu Hof um das mühselige Dreschen mit Motorkraft zu erleichtern.

Doppelbulldog als Straßenzugmaschine mit Dach und Hupe

Hanomag WD 28

Hersteller	Hanomag - Hannover (D)		
Typ	Hanomag - WD 28		
Zylinder	4	Hubraum	4.252 cm³
Leistung	28 PS	Gewicht	2.400 kg
Bauiahr	1928		

Die Geschichte der Firma Hanomag reicht zurück bis in das Jahr 1835. In »Linden vor Hannover« gründete Georg Egestorff eine Eisengießerei und Maschinenfabrik, die sich rasch mit Dampfmaschinen und Lokomotiven weltweit einen Namen machte. Ab 1871 firmierte das Unternehmen als Hannoversche Maschinenbau AG. Um bei der Telegraphie Kosten zu sparen, wurde der Name verkürzt - auf Hanomag. Das Unternehmen fertigte in seiner wechselvollen Geschichte ab 1905 Lastwagen mit Dampfantrieb; ein Exemplar wurde an die Ruppaner Brauerei in Konstanz geliefert. Ab 1919 kamen Kettenschlepper und ab 1924 auch Pkw ins Produktionsprogramm.

Speziell in der Landwirtschaft machte sich die Hanomag früh einen Namen mit Lokomobilen, die bereits 1863 als Antrieb von Dreschkästen angeboten wurden.

Professionell wurde dieser Produktionsbereich aber erst ab 1912. Ernst Wendler und Bogslav Dohrn, zwei umtriebige Tüftler, entwickelten einen Mototragpflug, der unter ihren namentlichen Anfangsbuchstaben - W.D. - von der Hanomag produziert wurde. Für den Vertrieb war die dazu eigens in Berlin gegründete Deutsche Kraftpflug-Gesellschaft zuständig.

Ab dem Jahr 1924 begann die Traktorfertigung. Der Radschlepper WD 26, bis 1925 gebaut, und der hier vorgestellte WD 28 (1925 bis 1935) waren die letzten Konstruktionen, die unter W.D. verkauft wurden, obwohl die beiden Konstrukteure damit schon nichts mehr zu tun hatten. In Anlehnung an den erfolgreichen und preisgünstigen Fordson in den USA war ein Traktor entstanden, mit dem die Hanomag am deutschen Markt gut punkten konnte.

Der WD-Radschlepper wurde 1924 auf einer Ausstellung der Deutschen Landwirtschaftsgesellschaft (DLG) in Hamburg erstmals der Öffentlichkeit präsentiert. Er war noch mit einem Mehrstoffmotor ausgerüstet, der neben Benzin auch Benzol, Spiritus und Petroleum als Brennstoff zuließ. Für den Acker wurden Stahlräder verwendet, für den Straßenbetrieb Vollgummi-Reifen.

»Prüfe mehrmals täglich die Zündkerzen durch Öffnen der Zischhähne; Wechsle wöchentlich das Schmieröl und reinige das Ölsieb; Schleife die Ventile alle Monate ein; Achte auf festen Sitz des Zylinderkopfes; Bremse niemals scharf, das zerstört die Gummireifen; Reinige den Schlepper 1x die Woche; Bedenke: Zugtiere werden täglich geputzt« (aus der Betriebsanleitung für den WD).

Ein Anhänger voll Getreide auf dem Weg zur Mühle

Das Kennzeichen des Traktors war der runde Tank mit dem »WD«-Zeichen

Die Straßenzugmaschine mit Doppelgummibereifung hinten

WD Parade vor dem Hanomag-Werk

Lanz Mops

Hersteller	Lanz - Mannheim (D)		
Typ	Lanz - HM Mops		
Zylinder	1	Hubraum	3.818 cm³
Leistung	8 PS	Gewicht	1.150 kg
Bauiahr	1923		

Im Jahr 1923 offerierte das Unternehmen Lanz eine kleinere Version des erfolgreichen HL 12. Der 8-PS-Mops war für den kapitalschwächeren Käufer gedacht.

Der Aufbau war weitgehend identisch mit dem größeren Bruder. Die Maschine wurde wie der »12er« mit verschiedener Bereifung und auch als Ortbulldog angeboten.

Im Verkaufsprospekt schreibt die Firma Lanz in der Ich-Form: »Neben meinem 12-pferdigen Bulldog, der sich inzwischen in Landwirtschaft und Gewerbe glänzend eingeführt hat, baue ich auch einen 8-PS-Schwerölmotor Bulldog. Er vereint in idealer Weise alle Ansprüche, die an eine moderne Kleinkraftmaschine gestellt werden. Er ist billig im Betrieb, denn er begnügt sich mit minderwertigen, leicht zu beschaffenden Inland-Brennstoffen.«

Es war jedoch die Zeit der Inflation, so dass der Verkauf nur schleppend lief und nach nur 250 Exemplaren wurde die Produktion eingestellt.

Die ganze Familie ist stolz auf ihren »Mops«

Man beachte die Bremsklötze

Links der Öler rechts der Kettenantrieb

Minneapolis 17/30

Hersteller	Minneapolis Threshing Comp - Hopkins (USA)		
Typ	Minneapolis - 17/30		
Zylinder	4	Hubraum	8.130 cm³
Leistung	30 PS	Gewicht	2.724 kg
Bauiahr	1922		

Traktorgeschichte wurde in den Jahren 1900 bis 1920 hauptsächlich in den USA geschrieben. Überall im Land wurden Firmen gegründet, dann verkauft oder mit anderen Firmen verschmolzen. Allein im Bundesstaat Minnesota zählte man 1905 112 verschiedene Traktorfirmen wie Pioneer, Bull Tractor Company, Gas Traction Company, the Big Four und viele mehr. Der Wettbewerb war ruinös, die Methoden oft kriminell. So gründeten einige Herren die Ford Tractor Company, indem sie einen einfachen Arbeiter mit Nachnamen Ford kurzzeitig als Gesellschafter aufnahmen. Viele Landwirte wurden mit dem Namen zum Kauf animiert und danach betrogen. Genau wie bei der Lion Tractor Company (»stark wie ein Löwe, aber aus Stahl hergestellt, Weltsensation, nie müde, nie hungrig, nie krank ...«), die von vielen Farmern Zahlungen entgegennahm, aber nie lieferte. Sie gab an, bereits 100 Traktoren gebaut zu haben, aber es waren nur drei, die nicht funktionierten.

Minneapolis Steel & Machine Company mit ihren Twin City-Traktoren und Minneapolis threshing machine Company mit ihren Minneapolis-Traktoren waren seriöse Hersteller aus Minnesota. Letzterer produzierte anfangs schwere Prärietraktoren und wechselte dann zu leichteren Maschinen, wie diesem hier abgebildeten Minneapolis 17/30. Dieser Traktor begeisterte die Käufer durch sein Design und die unkomplizierte Handhabung. Der 17/30 war in der Bauart, wie Traktoren heute noch gebaut werden. Der Motor war allerdings quer eingebaut, so dass im Traktor auch ein Rahmen aus Guss verbaut war.

Der harte Wettbewerb und die geringere Nachfrage in den 1920er-Jahren führte dazu, dass sich die zwei zuvor erwähnten Gesellschaften aus Minneapolis sowie die Moline Plow Company (haben wir zuvor beim Moline Plow kennengelernt) zusammen schlossen zur Minneapolis Moline Power Implement Company.

Ab 1929 wurden die gelb-orangen MM-Traktoren erfolgreich vermarktet, bis im Jahr 1972 die White Motor Company (LKW's) die Gesellschaft übernahm. Damit ist die Geschichte nicht zu Ende. Zwei Jahre später wurde White von AGRO übernommen. AGRO ist heute eine der wenigen Global Player im Traktorgeschäft.

»Der große Traktor in diesen Zeiten« ??

Der Motor ist quer zur Fahrtrichtung eingebaut

Der Fahrer musste stehen. Die Bodenplatte war starr mit dem Chassis verbunden und garantierte eine gleichmäßige aber kräftige Stoß-Belastung auf den Rücken des Fahrers.

Lanz HP

Hersteller	Lanz - Mannheim (D)		
Typ	Lanz - HP		
Zylinder	1	Hubraum	6.238 cm^3
Leistung	12 PS	Gewicht	1.960 kg
Bauiahr	1924		

Bereits ein Jahr nach der Fertigstellung des ersten HL 12 beschäftigte sich Lanz mit der Entwicklung eines ganz neuen, revolutionären Bulldogs.

Das Fahrzeug wurde 1923 vorgestellt mit der Bezeichnung HP, das Telegramm-Kurzwort lautete »Peter«.

Der bewährte Motor vom HL 12 fand wieder Verwendung, allerdings jetzt mit Verdampfungskühlung, so dass die Wasserpumpe nicht mehr nötig war.

Lanz wollte den Landwirten eine besonders zugkräftige, wendige Maschine anbieten. Der HP war mit Allradantrieb und Knicklenkung seiner Zeit weit voraus (die Bauweise findet sich heute in vielen Baumaschinen).

Die wirtschaftlichen Verhältnisse und der hohe Preis (7.140 Reichsmark) sorgten für mäßigen Absatz, so dass 1926 nach 700 verkauften Einheiten die Produktion eingestellt wurde.

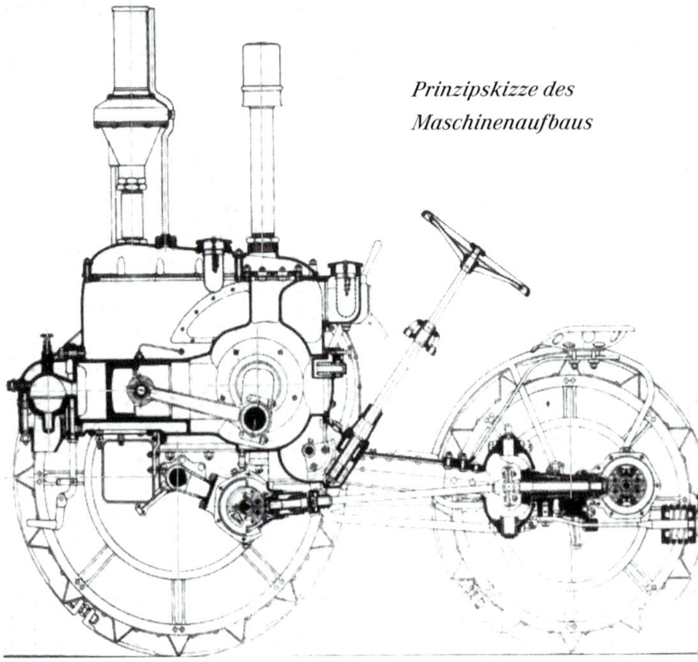

Prinzipskizze des Maschinenaufbaus

Die Eisenräder sind mit Laufringen bestückt. Im Ackerbetrieb werden diese demontiert für eine optimale Zugkraft.

Lanz HP mit Knicklenkung

Doyen

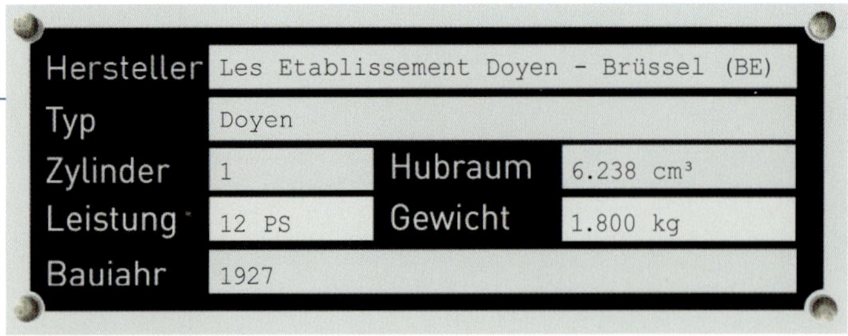

Um 1925 präsentierte ein gewisser L. Duboi aus Ashières (Seine) eine zweirädrige Zugmaschine, die er Polyculteur nannte. Der Motor, anfangs mit 20 PS, befand sich auf einem Rahmen vor den Rädern. Im Prinzip musste für das Gleichgewicht hinten ein Anbaugerät sorgen, zum Beispiel ein Dreischarpflug (Brabant-double). Vorne an der Maschine war zur Absicherung und für Montage und Demontage der Anbaugeräte ein kleines Stützrad.

Der seitlich schwenkbare Sitz

Ca. 1927 übernahm das belgische Handelshaus für Lanzprodukte das Know-how. Les Etablissement Doyen in Brüssel modifizierten das Gefährt durch eine Vorderachse mit zwei Rädern. Der Antriebmotor wurde natürlich von Lanz bezogen. Der Traktor hieß jetzt so wie das Unternehmen »Doyen«.

Kernstück dieser interessanten Zugmaschine ist der Lanz 12-PS-Glühkopfmotor, so wie er auch im Knicklenker HP verbaut ist. Ein Getriebe sorgt für Vorwärts- und Rückwärtsgang. Über eine Spindel lässt sich die Neigung in der Längsachse verstellen. So konnte beim Pflügen die ideale Lastverteilung eingestellt werden. Die Antriebsräder waren mit Gummi belegt und seitlich angebrachte Greifer sorgten für Traktion, sobald die Räder im Acker zu tief im Boden versanken. Der Fahrer hat immer perfekte Übersicht, da der Fahrersitz mit der Lenkung gekoppelt ist. D.h. bei Linkseinschlag schwenkt der Sitz nach links, bei Rechtseinschlag nach rechts. Heute würde man dies »ergonomisch perfekte Fahrerposition« nennen.

In vielem war der Doyen seiner Zeit voraus und wurde dennoch kein Erfolgsmodell. Die Gesellschaft Etablissement Doyen stellte 1928 die Produktion ein.

Der Auspuff seitlich war normal nach oben montiert. Jedoch z.B. beim Dreschen in der Scheune nach unten wegen des Funkenflugs und der Brandgefahr.

Deutlich sichtbar die vordere Höhenverstellung

Polyculteur DUBOIS, 29, Rue de l'Avenir, ASNIÈRES (Seine)
BREVETÉ S. G. D. G.
Téléph. : Asnières-366
Le POLYCULTEUR est un avant-train tracteur amovible à adaptations multiples et instantanées rendant automobiles tous les instruments de culture.
La solution la plus simple et la plus rationnelle des labours à plat avec retournement automatique du brabant double polysoc.

Advance-Rumely - Oil Pull 20/40

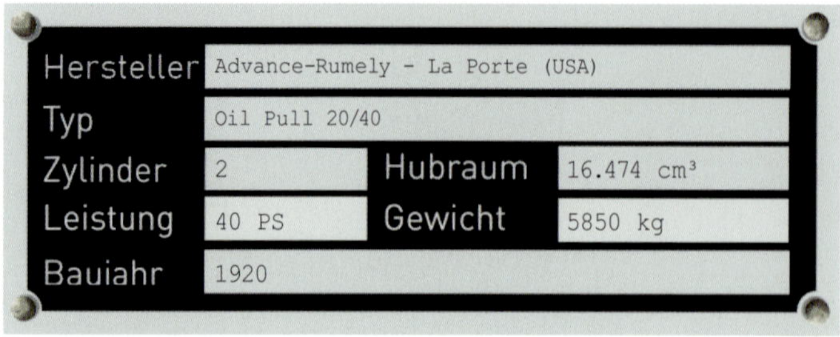

Meinrad Rumely war Mitte des 19. Jahrhunderts aus dem Elsass nach Amerika ausgewandert und hatte zunächst mit seinem Bruder John eine Schmiede und Gießerei in La Porte Indiana betrieben. Bald wurden verschiedenste landwirtschaftliche Geräte und auch Dampfmaschinen hergestellt. Ab 1910 fertigte Advance-Rumely Company, wie das Unternehmen jetzt hieß, auch Traktoren.

Ein ölgekühlter Petroleum-Motor war entwickelt worden. Petroleum verbrennt bei sehr hohen Temperaturen, so dass eine Wasserkühlung nicht möglich war. Es gab noch keine Wasserkühlung unter Druck, die den Siedepunkt erhöht. Die dicken Rohre von und zum Kühlturm vorne sorgen für den Ölkreislauf. Die oben in den Kühlturm eingeleiteten Auspuffgase sicherten für einen ständigen Luftzug im Kühlturm.

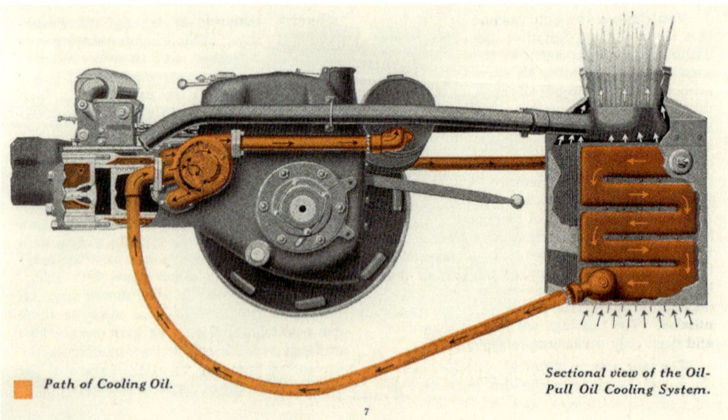

Schaubild der Ölkühlung

Ein technisches Highlight ist der Dreifach-Vergaser für Benzin (zum Starten), Petroleum (für den Normalbetrieb) und Wasser (bei hoher Betriebslast). Bei hoher Belastung des Motors steigt die Kompression und zusammen mit der speziellen Verbrennungscharakteristik des Petroleums läuft der Prozess bei immer höheren Temperaturen ab. Wird jetzt Wasser dem Petroleum zugegeben, so verdampft es und kühlt den Verbrennungsraum. Damit wird Frühzündung vermieden, die Leistung optimiert.

Für das Starten der meist großvolumigen Motoren hatte in den früheren Jahren jeder Hersteller seine eigene Lösung. Es gab ja keine Batterie und keinen Anlasser.

Der Oil Pull, so hießen alle Traktoren von Rumely, wurde per Kickstart in Betrieb gesetzt. Zuerst wurde der Motor über das Schwungrad auf den oberen Todpunkt eines Zylinders gedreht. Dann musste der Fahrer mit seinem vollen Körpergewicht in die Speichen des Schwungrades stehen, um dieses in Umdrehung zu bringen, bis der Motor zündete. Das gab natürlich manch Verletzten. Die kleineren Modelle wie auch dieser 20/40 konnten per Hand oder mit Hebel am Schwungrad gestartet werden.

Im Laufe der Jahre entwickelte das Unternehmen eine ganze Palette von Traktoren vom Typ B bis Z, immer im gleichen Bauprinzip, aber in unterschiedlichen Leistungsklassen und damit Fahrzeuggrößen. Über 10.000 Einheiten wurden von 1910 bis 1930 verkauft. 1931 übernahm Allis-Chalmers das Unternehmen und stellte die Produktion ein.

Trotz viel Patina und Rost, das Markenemblem ist erhalten geblieben

Vater und Sohn fahren mit der schweren Maschine

Anlieferung aus den USA (Räder hinten demontiert damit die Maschine in den Container passt)

Stock Raupe

Robert Stock war ein erfolgreicher Unternehmer, als er um 1900 seine Firmen (u.a. DeTeWe AG) verkaufte, um verschiedene große landwirtschaftliche Güter zu erwerben. Schon bald machte er sich Gedanken, wie die in Mode gekommenen Verbrennungsmotoren in der Landwirtschaft zu nutzen sind. Aus ersten Überlegungen entstand schon bald (ca. 1907) Deutschlands erster Motortragpflug. Die Pflugleistung war beeindruckend, so dass nach Gründung der Stock Motorpflug AG die Maschinen in die ganze Welt und viele Einheiten nach Südafrika verkauft wurden. Lange hielt man am Bauprinzip des Tragpfluges fest.

Stockraupe beim Getreidemähen

In den 1920er-Jahren waren Tragpflüge nicht mehr gefragt und die Stock AG geriet in wirtschaftliche Schwierigkeiten. Da half der neu entwickelte Raupenstock. Ein Kettenfahrzeug mit großen Antriebsrädern vorne und kleinen Rädern hinten. Ein Bauprinzip, das man heute wieder bei modernen Baumaschinen antrifft. Das Fahrzeug war leicht und wendig sowie äußerst zuverlässig. Die Zugkraft war auch bei nassem, »schmierigem« Untergrund gut. Der Kettentraktor zog auch in steilem Gelände den 2-Scharpflug ohne Probleme. Kein Wunder, dass in nur drei Jahren über 4.000 Zugmaschinen hergestellt und in alle Welt verkauft wurden.

Im nächsten Kapitel erfahren Sie mehr über den hier abgebildeten Raupenstock.

Gut erhaltenes Emblem

Der sogenannte »Raupenstock« mit Zweischaar Pflug

Antriebsrad vorne groß, hinteres Rad klein mit aufwändigem Kettenabstreifer unten am Hinterrad. Dieser verhindert, dass Steine von der Kette über das Hinterrad gezogen werden.

Restauration Stock Raupe

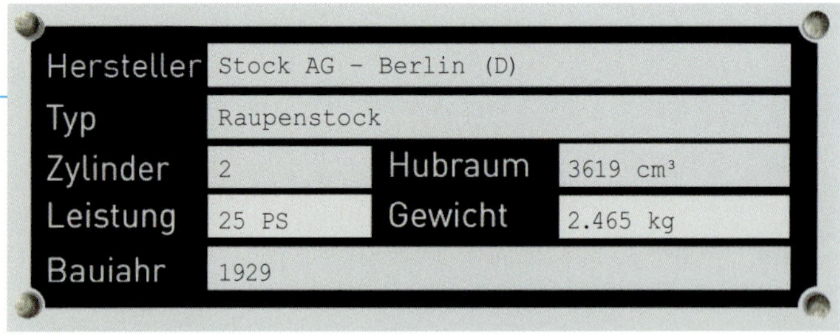

Über 4.000 Raupenstock wurden in den 1920er-Jahren hergestellt, und trotz dieser vielen Fahrzeuge, die einst in aller Welt im Einsatz waren, gibt es nur wenige, die bis heute überlebt haben.

Vor vielen Jahren kam die Nachricht zu uns, dass irgendwo in Argentinien eine Stockraupe stünde. Solche Nachrichten lösen in der Sammlerszene flächendeckend das »Jagdfieber« aus.

Vor Ort war die Ernüchterung groß. Es war zumindest eine Stockraupe, aber nur noch ein Fragment. Alles, was demontierbar war, fehlte. Die Maschine stand seit 30 Jahren in einem Flussbett. Man sieht das heute noch genau an den Rädern (siehe Bild). Zwei Mal im Jahr bei Hochwasser stand sie komplett unter Wasser.

Getreu dem Motto »nichts ist unmöglich« wurde das Altmetall nach Deutschland transportiert. Der Landwirt in Argentinien und seine Mitarbeiter konnten nicht glauben, dass ein Deutscher dafür Geld ausgibt. Sie vermuteten Drogenschmuggel.

In Deutschland wartete harte Arbeit, denn das Ziel war, in einem Jahr mit dem Altschrott wieder über die Scholle zu fahren. Die Fahrketten waren steif wie ein Stahlträger. Da halfen Caramba und stundenlange Schläge mit dem Vorschlaghammer. Zur großen Überraschung waren die Radlager noch voll Fett und wie neu!

Der Motor wurde komplett und fachmännisch gerichtet. Ein Original-Vergaser wurde auf dem Teilemarkt gefunden. Einige Blechteile mussten angefertigt werden.

Dank unserer absoluten Profis aus dem Osten der Republik lief der Raupenstock nach einem Jahr wieder perfekt. Die Original-Patina wurde bewusst erhalten.

Ein schönes und seltenes Stück Traktorgeschichte.

Antriebseinheit beim Neuaufbau

Der stark verrostete Teil der Räder zeigt, wie weit die Maschine immer im Wasser stand

Alles was man abschrauben konnte, war demontiert

Fundort der Stock Raupe

Abtransport in Argentinien

Der Kühler ist fertig

CASE 22-40

Hersteller	Case - Racine Wisconsin (USA)		
Typ	Case 22-40		
Zylinder	4	Hubraum	10.511 cm³
Leistung	40 PS	Gewicht	4600 kg
Bauiahr	1919		

CASE Threshing Machine Company war der erfolgreichste Hersteller weltweit von Dampfmaschinen. Die Produktion wurde erst 1924 eingestellt, nach über 35.000 verkauften Maschinen.

Ab 1892 versuchte sich CASE im Traktorbau. Aber die Technik war zu anfällig, die Zeit noch nicht reif für Traktoren mit Verbrennungsmotor.

Erst 1910 wurde wieder intensiv an der Entwicklung eines Traktors gearbeitet. Im Jahr 1911 führte das Unternehmen den CASE 30-60 am Markt ein, gefolgt vom 20-40. Beides schwere Maschinen, aber echte Prärietraktoren. Andere Hersteller waren um diese Zeit bereits sehr erfolgreich mit ihren »Lightweight« Traktoren, so dass CASE sehr schnell den CASE 12-25 nachschob. Dieser Traktor ist einige Seiten vorher bereits abgebildet.

Anfang der 1920er-Jahre ließ die Nachfrage in den USA nach, die Landwirte sahen Dampf- und Prärietraktoren als Technik von gestern und der am Fließband gefertigte Fordson Traktor gewann immer mehr Marktanteile. Auch CASE geriet unter Druck. Es galt moderne und leichte Traktoren zu entwickeln. In den Folgejahren kam CASE mit einer ganzen Palette von neuen Traktoren mit »Crossmotoren« auf den Markt. CASE war ca. 15 Jahre lang auch Produzent von Automobilen. Von dort wurde der Antriebsmotor übernommen und für verschiedene Antriebsklassen überarbeitet. Der Motor war nicht in Fahrtrichtung ausgerichtet, sondern quer zum Chassis eingebaut. Der 22-40 war ein robuster Traktor mit nahezu fünf Tonnen Gewicht. Er wurde gern zusammen mit den großen Dreschmaschinen gekauft und war bei den Lohndreschern sehr beliebt. Der Preis lag bei 6.000 $ und damit beim Mehrfachen des berühmten Fordson Traktors.

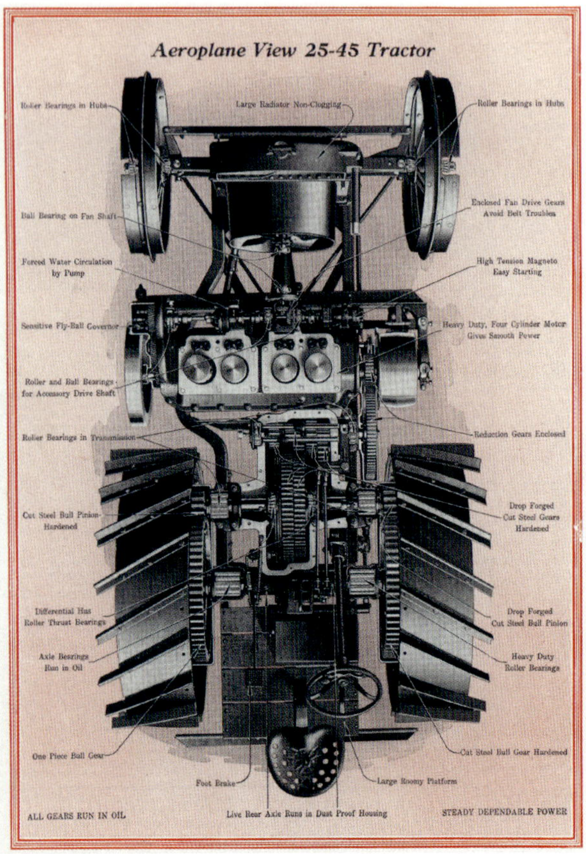

CASE-Prospekt aus Frankreich

Der quer eingebaute Motor mit Kupplung

Maschine mit deutlichen Gebrauchsspuren

Der Auspuff war ein kurzes Rohr nach oben

Renault Type PE

Hersteller	Renault - Billancourt (F)		
Typ	Renault - PE		
Zylinder	4	Hubraum	2.100 cm³
Leistung	20 PS	Gewicht	1.800 kg
Bauiahr	1928		

Die Anfänge des französischen Traditionsunternehmens gehen zurück bis 1898. Unter einfachsten Bedingungen baute Louis Renault Maschinen und Fahrzeuge. Insbesondere die Pkw-Produktion erreichte 1912 mit über 10.000 Exemplaren das Niveau von Ford. Mit den Erfahrungen aus dem Bau von Tanks im Ersten Weltkrieg entwickelte Renault ab 1917 landwirtschaftliche Kettenschlepper. Durch den Mangel an Arbeitskräften war die Mechanisierung das Gebot der Stunde.

Bereits ab Herbst 1918 baute Renault in Billancourt auf der Produktionslinie seine ersten Traktoren, wo noch zuvor die Tanks montiert worden waren. Auf der Farm von Louis Renault in Herqueville wurden die Maschinen getestet. Sie waren zunächst ausschließlich für den französischen Markt bestimmt. Der Typ PE kam ab 1926 auf den Markt und wurde bis zur Produktionseinstellung 1937 in 1.840 Exemplaren gebaut. Sein charakteristisches Merkmal ist der Kühler hinter dem Motorraum und vor dem Fahrer. Ausgestattet mit einem 4-Zylinder, 4-Takt-Motor mit 2,1 Liter Hubraum leistete er 20 PS.

1938 wurde in Le Mans, südwestlich von Paris, mit dem Bau eines neues Traktorenwerkes begonnen, das 1942 in Betreib genommen und erst nach und nach ausgebaut wurde. Aufgrund seiner Kooperation mit Nazi-Deutschland wurde Louis Renault zum Ende des Zweiten Weltkriegs als »schlechter Franzose« interniert, die Renault-Werke verstaatlicht und in den Folgejahren als Staatsbetrieb geführt. In Le Mans wurden 1949 bereits jährlich 9.000 Traktoren gebaut. Bis 1959 konnte die Produktion auf 21.500 Maschinen jährlich gesteigert werden. In dieser Zeit wurde auch die Farbe Orange als Markenzeichen der Renault-Traktoren eingeführt.

Mit der 1969 modernisierten und erweiterten Fertigung im Rücken begann Renault Agriculture auch auf anderen Märkten Fuß zu fassen. Dazu gehörte ab 1963 die Übernahme von Porsche-Diesel in Friedrichshafen, die zukünftig auf die Herstellung eigener Traktoren verzichteten. Der erhoffte Erfolg auf dem deutschen Markt blieb allerdings aus. Anfang 2003 übernahm Claas aus Harsewinkel das Werk in Le Mans und integrierte es erfolgreich in sein weltweites Produktions- und Vertriebssystem.

Ratenzahlung war zu dieser Zeit bereits ein Verkaufsargument

Oben: Beim Renault PE war der Motor perfekt eingehaust

Rechts: Walze in Transportstellung wird zum Einsatz gedreht und gleichzeitig gehen die Räder nach oben

Unten: Deutlich sichtbar der Kühler hinten beim Fahrer

Fageol 9-12

Hersteller	Fageol Motor Company - Kalifornien (USA)		
Typ	Fageol 9-12		
Zylinder	4	Hubraum	3.146 cm³
Leistung	9-12 PS	Gewicht	1.930 kg
Bauiahr	1920		

In den Geburtsjahren der frühen Traktorindustrie gab es für die Ingenieurskunst keine Grenzen. Ein schönes Beispiel ist der Fageol Traktor 9-12.

Die Fageol Motor Company aus Oakland, Kalifornien, Hersteller von PKW, LKW und Omnibussen, versuchte sich kurzfristig auch im Traktorbau. Besonderes Merkmal waren die gegossenen Hinterräder mit spitzen Zähnen. Nach Herstellerangaben konnte mit diesen Rädern jedes Gelände und jegliche Art von Untergrund bewältigt werden. Die Keilform der Zähne sollte zu tiefes Eindringen in den Boden verhindern, zumindest in der Theorie. Der Traktor war mit keiner Hauptkupplung und keinem Differential bestückt! Vielmehr sitzt in jedem Stachelrad eine Reibekupplung, die über ein Fußpedal rechts und links betätigt wird. Da kein Differential vorhanden ist, muss auch beim Kurvenfahren dosiert das Pedal der Kurveninnenseite getreten werden. Es gibt auch kein Lenkrad, sondern nur einen langen Hebel mit Knopf am Ende.

Interessant ist, wie die Bedienungsanleitung das Anfahren beschreibt:

»Wenn der Motor läuft, nehmen Sie auf dem Fahrersitz Platz. Erfassen Sie den Schalthebel mit beiden Händen. Treten Sie beide Kupplungspedale rechts und links bis zum Anschlag durch. Schalten Sie den Vorwärtsgang, indem die rechte Hand vorwärts drückt und die links weiter unten am Hebel zieht. Führen Sie diesen Vorgang mit einem schnellen Ruck durch, damit die Zahnräder nicht reiben. Entlasten Sie beide Fußpedale gleichmäßig. Der Traktor sollte jetzt geradeaus fahren.«

Der Motor ist vom Hersteller Lycoming Manufacturing Company. Dieses Unternehmen gibt es übrigens heute noch. Vor allem als Hersteller von Flugzeugmotoren bekannt (heute Textron Lycoming). Die Zeppeline, die oft über dem Bodensee kreisen, werden von Motoren dieses Herstellers angetrieben.

Der »walking tractor«, also der »schreitende Traktor«. Schreitend von Zahnspitze zu Zahnspitze am Hinterrad.

Teilesammlung vor dem Zusammenbau.

Der erste Probelauf nach der Restauration

MWM Motorpferd

Hersteller	MWM - Mannheim (D)		
Typ	MWM - Motorpferd		
Zylinder	2	Hubraum	4.415 cm³
Leistung	18 PS	Gewicht	2.460 kg
Bauiahr	1925		

Carl Benz, einer der Pioniere im Motoren- und Automobilbau, gründete 1883 die Benz & Cie. Rheinische Gasmotorenfabrik in Mannheim. Nach dem Ersten Weltkrieg, als der Automobilbau wieder Fahrt aufnahm, wurde der Stationärmotorenbau ausgegliedert in ein selbständiges Unternehmen mit dem Namen Motorenwerke Mannheim MWM.

In den folgenden Jahrzehnten wurde MWM ein wichtiger Motorenlieferant für viele Traktorhersteller, sowie auch für viele andere Industrien. Der berühmte Prosper L'Orange war anfänglich der Technische Direktor und somit war klar, dass der Schwerpunkt der Entwicklungen beim Dieselmotor lag. Ab dem Jahre 1923/24 wurde von MWM ein Traktor als Straßenzugmaschine mit Dieselmotor angeboten.

Die Zugmaschine wurde Motorpferd genannt und war der erste Dieselstraßenschlepper. Benz Sendling hatte 1922 den ersten Dieseltraktor für die Landwirtschaft vorgestellt. Dieselmotoren zeichnet die direkte Einspritzung des Brennstoffs in den Verbrennungsraum aus. Diese war anfänglich nur mit Druckluft, also Kompressor und Luftkessel, möglich. Dadurch waren Dieselmotoren für mobile Anwendungen ungeeignet. Erst durch die Entwicklung leistungsfähiger Einspritzpumpen durch Bosch und andere Unternehmen wurde der Dieselmotor kompakt und für die mobile Anwendung geeignet.

Das Motorpferd war eine einfache, in Rahmenbauweise konstruierte Zugmaschine ohne Elektrik (Petroleum-Scheinwerfer), Kraftheber oder Zapfwelle. Das Fahrzeug hat zwei Vorwärts- und einen Rückwärtsgang durch ein offenes Getriebe.

Der Hänger ist geladen. Jetzt muss das Motorpferd zeigen was es kann.

Die Kraftübertragung vom Motor zum Getriebe erfolgt über Flachriemen.

Das Motorpferd ist ein Meilenstein in der Entwicklungsgeschichte des Traktorenbaus. Heute sind nur noch eine Handvoll Fahrzeuge bekannt.

Der 2-Zylinder MWM Dieselmotor

Das Motorpferd, einer der ersten Dieseltraktoren

Das Getriebe mit seitlicher Riemenscheibe und den Schalthebeln oben

Lanz 15/30 – Verkehr Gummi

Über die Jahre war Lanz mit seinen Schweröl-bulldogs immer erfolgreicher und exportierte Maschinen auch in tropische Länder. Die »Verdampfer« mit Kühlung des Motors durch Wasserverdampfung waren besonders in diesen Ländern schwierig zu betreiben, denn nicht überall stand ausreichend Wasser zur Verfügung.

Lanz bot deshalb einen Wasserwagen mit 200 Liter Fassungsvermögen als Anhänger an. Aber letztendlich war dies auch keine praktikable Lö-

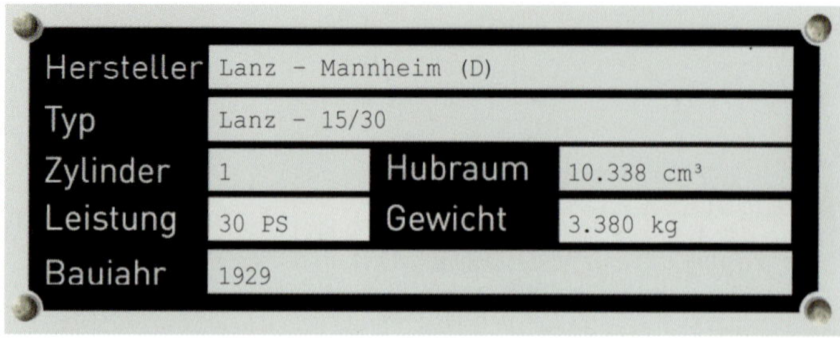

Der Lanz in Straßenversion mit Beleuchtung

sung, so dass ab dem HR4 (1928) Thermosyphonkühlungen in allen Bulldogs verbaut wurden.

Die hier abgebildeten Traktoren HR5, also die fünfte Weiterentwicklung des Rohölmotors, werden auch gerne 15/30 Bulldog genannt. Sie zeichnen sich durch einen modifizierten Motor aus mit 15 PS Nennleistung (Ackerschiene) und 30 PS an der Riemenscheibe. Die Thermosyphonkühlung funktioniert ohne Wasserpumpe. Die Umwälzung erfolgt allein durch den Gewichtsunterschied der gekühlten Wassersäule an den Kühlelementen und der heißen Wassersäule über dem Zylinder.

Der 15/30 Bulldog wurde mit unterschiedlicher Bereifung angeboten. Sie sehen auf dieser Seite einen Verkehrsbulldog mit Elastikbereifung und herausziehbaren Blitzgreifern. Außerdem sind in den beiden folgenden Kapiteln weitere Versionen des 15/30 oder später des 22/38 abgebildet.

Zwei Anhänger am Lanz 15/30 waren durchaus üblich

Oben: Mit den 15/30 sind auch schwerste Lasten einfach zu transportieren

Links: die Federachse vorne

Rechts: Hinterräder mit Blitzgreifer, die bei Bedarf über das Hartgummi quer gelegt wurden

Lanz 15/30 – Verkehr Luft

Hersteller	Lanz - Mannheim (D)		
Typ	Lanz - 15/30		
Zylinder	1	Hubraum	10.338 cm³
Leistung	30 PS	Gewicht	3.700 kg
Bauiahr	1934		

Im Jahr 1929 wandte sich die Firma Lanz an das hannoversche Gummiwerk Continental, um gemeinsam Versuche mit Gummiluftreifen durchzuführen. Es war der Start für die Luftbereifung im Traktorenbau und noch im selben Jahr wurden die ersten 15/30 Maschinen mit Luftbereifung ausgeliefert.

Anfänglich war bei den Kunden die Skepsis groß, insbesondere die Bauern hielten es für unmöglich, dass eine Gummiluftbereifung die gleiche Zugkraft auf dem Acker bringt, wie eine Eisenbereifung. Ganz nach dem Motto »der Kunde ist König« bot Lanz zunächst alle drei Grundtypen an Bereifung an – Eisen, Elastik, Gummiluft – und alle drei mit vielen Detailvarianten.

Beachtlich wie sich die Optik je nach Bereifung ändert, wenn Sie die Bilder dieses und des vorhergehenden sowie des folgenden Kapitels betrachten. Es ist immer der gleiche Basistraktor.

Der 15/30 und sein leicht modifizierter Nachfolger, der 22/38, waren eine wirkliche Erfolgsstory in den Jahren 1929–1935. Ca. 11.500 Einheiten wurden verkauft und entsprechend viele Maschinen haben bis heute überlebt.

Das Armaturenbrett « mit Hupe«

Der Bulldog stark patiniert und mit Scheinwerfer-abdeckung, also Tarnbeleuchtung.

Lanz 15/30 mit typischer Werkzeugkiste über der Schwungradabdeckung

Die Zwillingsbereifung ergibt einen bulligen Hintern. Nur eine Rück-leuchte war zu dieser Zeit erlaubt.

Lanz 22/38

Hersteller	Lanz - Mannheim (D)		
Typ	Lanz - 22/38		
Zylinder	1	Hubraum	10.338 cm³
Leistung	38 PS	Gewicht	3.800 kg
Bauiahr	1931		

Die beiden vorhergehenden Kapitel zeigen praktisch den gleichen Traktor mit unterschiedlicher Bereifung und Blechwerk.

Der hier dargestellte 22/38 oder auch HR6 hatte einen neuen Regler, der statt der bisherigen 540 U/min jetzt 630 U/min erlaubte. So wurde durch Drehzahlerhöhung mehr Leistung gewonnen. An der Ackerschiene war die Leistung jetzt 7 PS höher, nämlich 22 PS, an der Riemenscheibe 38 PS. Die Mechanik des Motors blieb nahezu unverändert.

In den folgenden Jahren steigerte Lanz die Leistung des Bulldogs immer wieder mit ähnlichen Verbesserungen. Der Hubraum blieb stets nahezu unverändert. Einige weitere Verbesserungen flossen beim 22/38 in die Entwicklung ein, wie zum Beispiel größeres Getriebegehäuse und Achstrichter sowie größere Hinterräder.

Die hier gezeigte Maschine auf Eisen wirkt wuchtig durch seine großen Eisenräder mit einem Ringdurchmesser von 1550 mm an den Hinterrädern.

Die zwei zuvor beschriebenen Bulldogs 15/30 zeigen zusammen mit dieser Maschine die zu dieser Zeit mögliche Bereifungen Eisen, Hartgummi und Luft. Im Laufe der Jahre setzte sich natürlich die Luftbereifung durch. In den Kriegsjahren mit Mangelwirtschaft wurde jedoch manche Maschine wieder auf Eisen ausgeliefert.

Muschelkotflügel rechts und links

Große Räder mit Laufringen

Der 22/38 mit Pflug und Egge

IHC Farmall Regular

Hersteller	IHC, Illinois (USA)		
Typ	Farmall Regular		
Zylinder	4	Hubraum	3.619 cm³
Leistung	20 PS	Gewicht	1.860 kg
Bauiahr	1928		

Anfang der 1920er-Jahre war IHC noch immer einer der großen Landmaschinenproduzenten. Es wurden immer noch Titans verkauft (siehe Kapitel »Mogul 10/20«), Juniors und Deering 10-20. Der Markt war jedoch inzwischen vom preisgünstigen Fordson geprägt, der mehr und mehr Marktanteile gewann. IHC reagierte mit einer neuen Baureihe unter dem Namen Farmall. Das Entwicklungsziel stand von Anfang an fest: Ein leichter Traktor, der das Pferdegespann ersetzt (und damit kostengünstiger im Unterhalt ist), einfach und preisgünstig zu produzieren, leichte Handhabung usw. Alles Merkmale, die auch auf den Fordson zutrafen. Bei IHC hatte man erkannt, dass der Farmer mit Plantagenanbau weitere Anforderungen hat. Deshalb wurde ein 3-rädriger Traktor entworfen, mit großer Bodenfreiheit und leichter Verstellbarkeit der hinteren Spur. So konnte der Traktor zur Pflege der Reihenkulturen eingesetzt werden. Je nach Pflanzenabstand mussten die Hinterräder breiter oder enger gestellt werden. Das war mit wenigen Handgriffen erledigt und die Farmer konnten entlang der Pflanzenreihen fahren, ohne die Pflanzen zu beschädigen.

Die Übersicht am Traktor war sehr gut, ein Zwischenachsanbau war möglich und der Motor war auch stark genug, um zu pflügen. Eine Riemenscheibe konnte zum Antrieb stationärer Maschinen genutzt werden. Er war also ein »All purpose tractor«.

Im Unternehmen gab es zunächst Bedenken. Man hielt den Traktor für zu leicht gebaut. Viele Farmer dachten immer noch, nur große und schwere Traktoren können die Feldarbeit erledigen. Als Testmarkt wurde Texas ausgesucht. Von Anfang an ließ sich der Regular, so hieß der erste Farmall, gut verkaufen, so dass dieser ab 1926 weltweit vertrieben wurde.

Der Traktor wurde ein Kassenschlager, obwohl nie die Stückzahlen eines Fordson erreicht wurden. Der Regular war jedoch ein großer Marktteilnehmer, der sicherstellte, dass Ford nicht den ganzen »Lightweight«-Traktormarkt beherrschte.

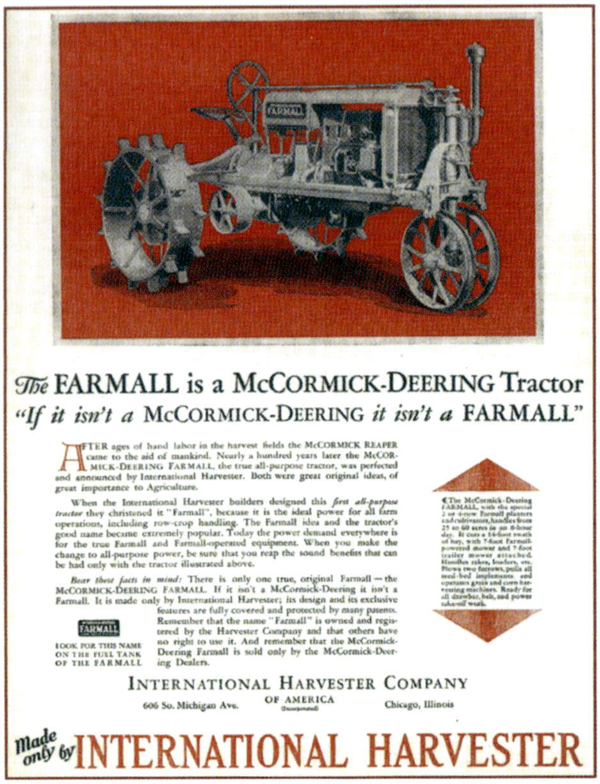

Das Verkaufsprospekt preist die außergewöhnlichen Vorteile der Maschine

Der Zündmagnet versorgt die vier Zündkerzen

Hürlimann 1K10

Hersteller	Hürlimann Traktorenfabrik - Wil (CH)		
Typ	Hürlimann - 1K10		
Zylinder	1	Hubraum	780 cm³
Leistung	10 PS	Gewicht	900 kg
Bauiahr	1930		

Auch die Schweiz hatte über Jahrzehnte eine breit angelegte Traktorindustrie. Weit über 100 »Hersteller« von Traktoren in der Schweiz sind bekannt. Manche haben nur wenige Jahre überlebt oder nur wenige Traktoren in Einzelfertigung auf den Markt gebracht. Manche haben PKWs zu Traktoren umgebaut oder Traktoren für Sonderanwendungen entwickelt.

Hürlimann war ein großer Namen in der Schweiz und der 1K10 stellte nach dem schwächer motorisierten 1K8 den Anfang der Serienfertigung bei Hürlimann dar.

Die Bauern in der Schweiz betrieben überwiegend Grünlandbau auf kleineren Parzellen und oft in Hanglagen. 1929 betrug die durchschnittliche Nutzfläche 4,9 Hektar je Hof. Für Hürlimann war angesichts dieser Voraussetzungen klar, dass nur ein preiswerter Kleinsttraktor auf diesen Höfen das Zugtier ersetzen konnte. Der 1K10 war kurz gebaut, wendig, mit Mähwerksantrieb und hatte einen tiefen Schwerpunkt. Das war also der ideale Traktor für die Schweiz. Die Hinterräder waren patentiert. Diese Tatsache wurde in »Guss« am Traktor verewigt. Die Blitzgreifer konnten mit wenigen Handgriffen aufmontiert werden. Selbst wenn die Maschine sich festgefahren hatte, konnte man im oberen Teil der Räder die Greifer montieren, so dass der Traktor sich wieder selbst befreien konnte.

Mehr zu Hürlimann beim Traktor H12.

Der Hürlimann als Antriebsquelle für die Kreissäge

Oben auf der Maschine der Karbidscheinwerfer. Darunter die Druckflasche für die Gasentwicklung mit Hilfe von Karbid

Patentierte Hinterräder zur einfachen Montage von Blitzgreifern

Sicherlich schwierige Kurvenfahrt mit diesem langen Gefährt

Fiat 703

Hersteller	Fiat - Turin (IT)		
Typ	Fiat 703		
Zylinder	4	Hubraum	6.235 cm³
Leistung	35 PS	Gewicht	3.270 kg
Bauiahr	1924		

Viele renommierte Autohersteller hatten in der Vergangenheit auch eine Traktorproduktion. Citroën, Ferrari, Lamborghini, Renault, Daimler Benz, Ford, Volvo und auch Fiat boten einst mehr oder weniger erfolgreich Traktoren an. Und einige Namen haben sich bis heute erfolgreich am Markt durchgesetzt.

Das Unternehmen Fiat (Abkürzung für: fabbrica italiana automobili torino) wurde 1899 gegründet und präsentierte 1919 seinen ersten Traktor 702. Dieser wurde einige Jahre später durch den stärkeren 703 ersetzt, jetzt mit 35 PS bei über 6 Liter Hubraum. Mit dem 703, industriell gefertigt, gelang Fiat der Durchbruch. Viele Modelle, auch Kettenfahrzeuge, folgten.

Ab 1944 wurde die Produktion aufgrund fehlender Versorgung zeitweise eingestellt. Doch bereits 1957 wurde der 100.000 Traktor, jetzt in Orange, ausgeliefert. In den folgenden Jahren gab es diverse Zukäufe, z.B. Versatile (USA), und Verschmelzungen (z.B. Ford, New Holland).

Heute ist Fiatagri (wie die Firmierung zwischendurch lautete) ein Teil von CASE-New Holland (CNH).

Hinterrad mit Untersetzgetriebe

Werksfoto mit perfekter Retusche (siehe Schatten)

Fiat 703 im Originalzustand

FIAT
Fiat

Motomeccanica Balilla

Hersteller	Motomeccanica - MILANO (IT)		
Typ	Balilla		
Zylinder	4	Hubraum	1.438 cm³
Leistung	10 PS	Gewicht	850 kg
Baujahr	1931		

Bereits 1910 konstruierten Ugo Pavesí und Guilio Tolotti ihren ersten Traktor. Es folgten verschiedene weitere Zugmaschinen. Großen Erfolg hatten die beiden mit dem berühmten Pavesi P4. Anfang der 1930er-Jahre hatte die inzwischen gegründete Societa anonimo Motomeccanica Milano einen weiteren Bestseller, wie man heute sagen würde, vorgestellt: den Balilla in ursprünglich leuchtendem Grün mit roten Rädern. Die ideale Zugmaschine für die italienischen Kleinbauern und bestens geeignet für den Weinbau.

Ugo Pavesí war ein begabter Ingenieur und ein stolzer Italiener. So verwundert nicht, dass auf vielen Maschinen als Kühlerfigur ein Junge abgebildet ist, der einen Stein wirft.

Im österreichischen Erbfolgekrieg 1746 waren am 5. Dezember die österreichischen Soldaten mit einem Mörser auf der Straße in Genua eingesunken. Sie brauchten Hilfe und wollten Einheimische mit Stockschlägen zur Hilfe zwingen. Ein Junge, »Balilla« auf Genuesisch, warf als Erster einen Stein auf den österreichischen Feind und löste einen erfolgreichen Aufstand aus.

Dem Widerstandskämpfer »Trattori Balilla« folgten größere und kleinere Traktoren, bis in den 1950er-Jahren die Produktion eingestellt wurde.

Der Balilla, zu deutsch der Junge, als Kühlerfigur

Bei kleineren Fahrern sieht der Balilla richtig groß aus

Der 4-Zylinder Motor aus eigener Produktion

Deutz MTZ

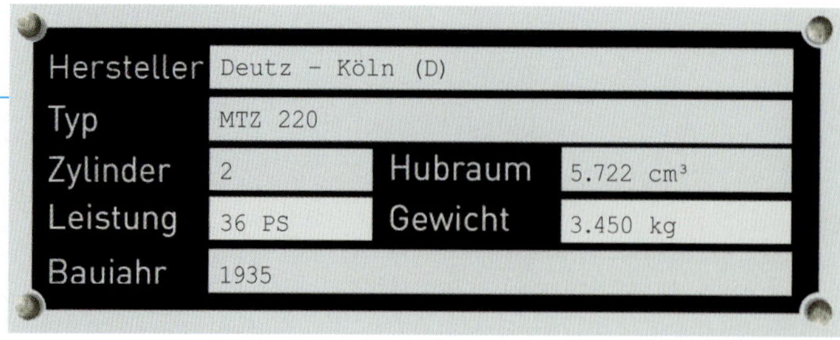

Der Kaufmann Nicolaus Otto (1832-1891) gründete 1864 im Kölner Stadtteil Deutz auf der rechten Rheinseite die N.A. Otto & Cie, die erste Motorenfabrik der Welt, die heutige Deutz AG. Sein Partner war der Ingenieur und Zuckerfabrikant Eugen Langen. In Köln-Porz erinnert heute das Technicum der Deutz AG an diese spannende Frühzeit des Motorenbaus, mit der alles begann. Die ersten Gehversuche mit Traktoren von Deutz waren allerdings nicht sonderlich erfolgreich. Ein 1907 gebauter Trecker und eine so genannte Deutzer Pfluglokomotive fanden kaum Käufer.

Der erste Dieselschlepper von Deutz wurde ab 1927 gebaut und von einem liegenden Einzylinder-Motor mit 14 PS angetrieben. Das Grundkonzept war einfach. Bewährte Stationärmotoren wurden auf einem Rahmen gebaut, die Kraftübertragung auf das 3-Gang-Getriebe erfolgte mittels Rollenkette. Mit dem MTH 222 begann zugleich bei Deutz die serienmäßige Herstellung von Traktoren. Das Getriebe hatte zwei Vorwärtsgänge und einen Rückwärtsgang. Die Höchstgeschwindigkeit lag bei 6 km/h. Er wurde weniger als Ackerschlepper eingesetzt, da die Räder unter Last leicht durchrutschten, sondern überwiegend als Antrieb von Dreschmaschinen und Häckslern benutzt.

Die Produktion des MTH 222 wurde 1930 eingestellt, nachdem ca. 540 Stück verkauft wurden.

Bereits 1928 brachte Deutz nach dem - noch mit Verdampfer-Motor ausgestatteten - MTH 222 die wassergekühlte MTZ-Baureihe auf den Markt. Die MTZs kamen den Vorstellungen der Landwirte schon deutlich näher. Die drei MTZ-Modelle (120, 220, 320) sind vom Aufbau her fast komplett identisch, nur die Drehzahl bzw. Einspritzmenge des quer angeordneten, langsam laufenden 2-Zylinder-Dieselmotors wurde verändert und so die Leistung gesteigert. Die ausgewiesene Leistung lag zwischen 27 und 36 PS.

Die MTZ-Baureihe wurde bis 1936 gebaut und hatte wesentlichen Anteil an der Gesamtzahl von 2.650 insgesamt zwischen 1926 und 1936 in Deutz gebauten Schleppern. Lesen Sie mehr über Deutz beim Typ F1M414.

Die Straßenzugmaschine mit bequemer Sitzbank

Prospekt für den Deutz auf »Eisenrädern«

Das war gekonntes Marketing

Die schwere Zwillingsbereifung mit deutlichen Spuren schwerer Arbeit

Lenkrad rechts war zu dieser Zeit üblich, da wenig Gegenverkehr. Wichtiger war, dass der Fahrer den rechten Straßenrand gut im Blick hatte.

Happy Farmer

Hersteller	La Crosse Tractor Comp. - Minneapolis (USA)		
Typ	Happy Farmer 8/16		
Zylinder	2	Hubraum	4.182 cm³
Leistung	16 PS	Gewicht	1.460 kg
Bauiahr	1916		

Die La Crosse Tractor Company ist ein Beispiel für perfektes Marketing. 1916, die ersten Traktoren des Happy Farmer A8-16 waren montiert, veranstaltete das Unternehmen eine große Schau für potentielle Kunden und Händler. Es war eine große Schau mit viel Wein und opulentem Essen. Es war aber auch ein großer Erfolg. Über 2.700 Traktorbestellungen konnte die Gesellschaft verbuchen.

1917 lief die Produktion auf Hochtouren, weitere Räumlichkeiten wurden angemietet und im kalten Winter 17/18 erhielt das Unternehmen eine Ausnahmegenehmigung für das Heizen mit Kohle. Kohle war im kalten Winter knapp geworden und viele Firmen mussten vorübergehend schließen, um Kohle für die Bevölkerung zu sparen.

Die Nachfrage hielt zunächst auf hohem Niveau an. Dank viel Werbung und Vorführtouren. Auf Sicht wurden Qualitätsprobleme und auch Konstruktionsmängel immer deutlicher. Insbesondere der Antrieb war anfällig, verbunden mit ständigem Zahnradwechsel. Die Händler verweigerten alsbald eine Inzahlungnahme des Happy Farmers. Inzwischen hörte man überall: »der Farmer ist zwei Mal happy: 1. Bei der Anlieferung des neuen Traktors und 2. wenn er ihn wieder loswird«.

Nach fünf Jahren und ca. 15.000 verkauften Maschinen wurde die Produktion eingestellt.

Sitz für den Traktorfahrer freischwebend nach hinten

Die Zentralschmierung musste regelmäßig von Hand gedreht werden

Links: die Lenkung mit ungeschützten Zahnrädern

Der »König« auf dem Feld ??
(gem. Werbung)

Massey Harris GP

Hersteller	Massey Harris - (CA)		
Typ	GP		
Zylinder	4	Hubraum	3.600 cm³
Leistung	22 PS	Gewicht	1.755 kg
Bauiahr	1933		

Im Jahr 1891 fusionierten A. Harris und H. Massey ihre bestehenden Unternehmen für landwirtschaftliche Geräte in Kanada zur Massey-Harris Ltd. Der Vertrieb expandierte weltweit (siehe Werbung in Frankreich, Russland).

Zunächst wurden Traktoren amerikanischer Hersteller verkauft, z.B. Wallis oder Parrett. Letztere wurden in den 1920er-Jahren in Lizenz im eigenen Werk gebaut, bis man schließlich 1930 den ersten von Grund auf selbst entwickelten Traktor, nämlich den GP ‚general purpose', auf den Markt brachte. Der Traktor war eine geradezu avantgardistische Erscheinung. Vier gleich große Räder sollten gepaart mit idealerer Lastverteilung den Bodendruck vermindern, der Allradantrieb sollte für optimale Traktion sorgen. Die Spur war nicht verstellbar. Das Fahrzeug konnte jedoch ab Werk in verschiedenen Spurbreiten bestellt werden.

Der Traktor war seiner Zeit voraus und wurde von den Landwirten nicht angenommen. Nach ca. 3.000 verkauften Exemplaren wurde der Verkauf eingestellt. Die erfolgreiche Vermarktung von Traktoren konventioneller Bauart, später Mähdreschern und sonstigen Geräten, setzte sich bis in die 1950er-Jahre fort.

1953 kam es zur Fusion mit der britischen Harrey Ferguson Ltd. Damit war Massey Ferguson geboren. Fortsetzung der Unternehmensgeschichte beim Traktor MF95.

Markenzeichen des »GP« - gleich große Räder

Erhöhte Bodenfreiheit unter den Achsen

Massey Harris, ein Hersteller von allerlei landwirtschaftlichen Maschinen

Vertrieb in viele Länder, auch nach Russland oder Frankreich (siehe weiteres Prospekt)

Baker 25-50

Hersteller	Baker - Swanton, Ohio (USA)		
Typ	Baker 25-50		
Zylinder	4	Hubraum	10.122 cm³
Leistung	50 PS	Gewicht	4.176 kg
Bauiahr	1928		

Die A.D. Baker Company aus Swanton, Ohio, ist ein Paradebeispiel für das Scheitern eines Unternehmens aufgrund falscher Markteinschätzung. Über Jahrzehnte wurden Dampftraktoren gebaut und diese jedes Jahr verbessert. Das Unternehmen erhielt diverse Patente auf Ventile oder Getriebeteile von Dampfmaschinen. Auch noch Anfang der 1920er-Jahre war man von der Dampftechnik überzeugt, obwohl der Ottomotor bereits weit verbreitet war. Baker optimierte und automatisierte die Dampftechnik weiter und fand erst Ende der 1920er-Jahre zum Traktor mit Verbrennungsmotor. Zu spät wurde der klassische Traktor auf den Markt gebracht und nach nur ca. 300 Einheiten wurden mit dem hier gezeigten Typ 25-50 im Jahre 1931 die Fabriktore für immer geschlossen.

Mit Sonnendach ?
... oder besser
Regendach für den Fahrer

Der kräftige 4-Zylinder Motor mit Magnetzündung

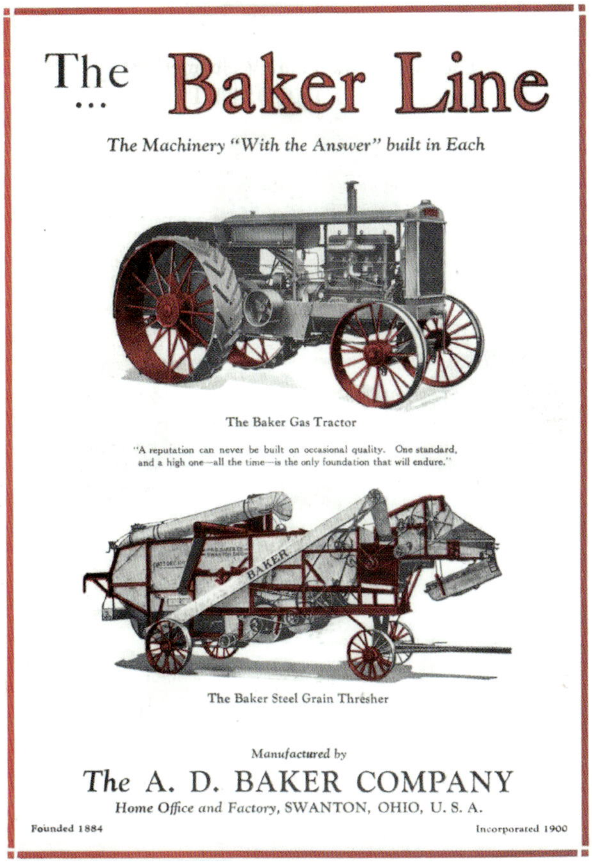

Baker Traktor und Dreschmaschine aus Stahl

Lanz HR8

Hersteller	Lanz - Mannheim (D)		
Typ	HR8		
Zylinder	1	Hubraum	10.338 cm³
Leistung	38 PS	Gewicht	3.800 kg
Bauiahr	1936		

Wird ein Glühkopfmotor gestartet, so war das früher - und ist auch heute noch - bei jedem Traktortreffen ein besonderes Spektakel.

Der Zylinderkopf hat eine kleine Nase, oder fachlich korrekt den Zündkopf. Dieser muss zum Starten mit der Heizampe erhitzt werden, bis er rotglühend ist. Mit dem Vorpumpenhebel wird durch zwei bis drei kräftige Hübe so dann genügend Kraftstoff in den Verbrennungsraum gespritzt. Das Lenkrad, mit einem Teil der Lenkstange, kann leicht abgenommen werden, um dann seitlich in die Klaue des Schwungrades gesteckt zu werden.

Mit viel Kraft lässt sich jetzt der Motor mit dem eingesteckten Lenkrad hin- und herpendeln, bis er im entscheidenden Moment anspringt. Hat man Glück, so dreht er sich auch in der vorgeschriebenen Richtung. Falls nicht, hat man nur einen Gang vorwärts zur Verfügung, aber dafür mehrere Rückwärtsgänge. Wem das nicht praktikabel erscheint, muss mit Geschick den Motor umsteuern oder den Anlassvorgang wiederholen.

Auspuff nach unten in der Straßenversion (ist gesünder für den Fahrer)

Andrehen des Motors mit dem Lenkrad

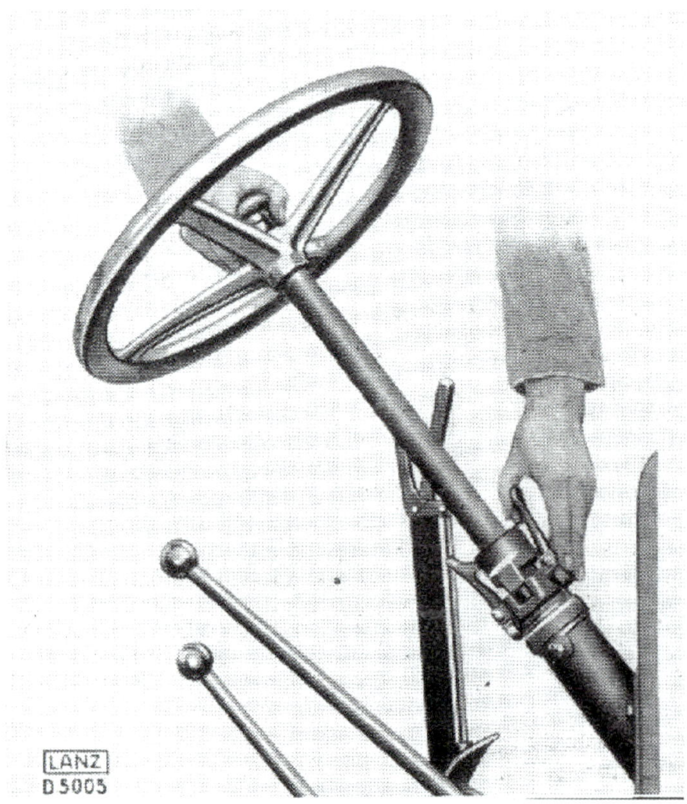

Abnehmen des Lenkrads zum Anpendeln des Motors

Heizlampen zum Anheizen des Glühkopfmotors

Wo immer der Lanz fährt, es gibt immer genügend Beifahrer

Originales altes Kennzeichen

Landini »30«

Hersteller	Landini - Emilia (IT)		
Typ	Landini - 30		
Zylinder	1	Hubraum	11.756 cm³
Leistung	30 PS	Gewicht	3.200 kg
Bauiahr	1928		

Giovanni Landini, Hersteller von landwirtschaftlichen Geräten, verstarb am 25. Oktober 1924. Das erste »Tuckern« seines Prototypen-Traktors erlebte er nicht mehr. Seine Söhne vollendeten das Fahrzeug im Jahre 1925. Es war ein kleiner, kompakter Traktor mit Glühkopfmotor. In den folgenden Jahren entstand das »Modello 30«, der hier abgebildete Glühkopftraktor.

Die ersten Erfolge von Lanz mit seinen Glühkopfmotoren riefen in vielen Ländern Nachahmer hervor. Auf den folgenden Seiten werden einige vorgestellt. Bei Landini SA war das »Modello 30« jedenfalls die Initialzündung für eine Baureihe von Traktoren mit interessant klingenden Namen wie Velite, Bufalo oder Superlandini (siehe Kapitel Superlandini).

In den Jahren 1928–1932 wurden ca. 200 Traktoren »Modello 30« abgesetzt, bevor der Nachfolgetraktor »Modello 40« vor allem den italienischen Markt eroberte.

Der Fahrer hatte einen optimalen Überblick auf Maschine und Straße

Das schwere Schwungrad sorgt für Leistungsreserve

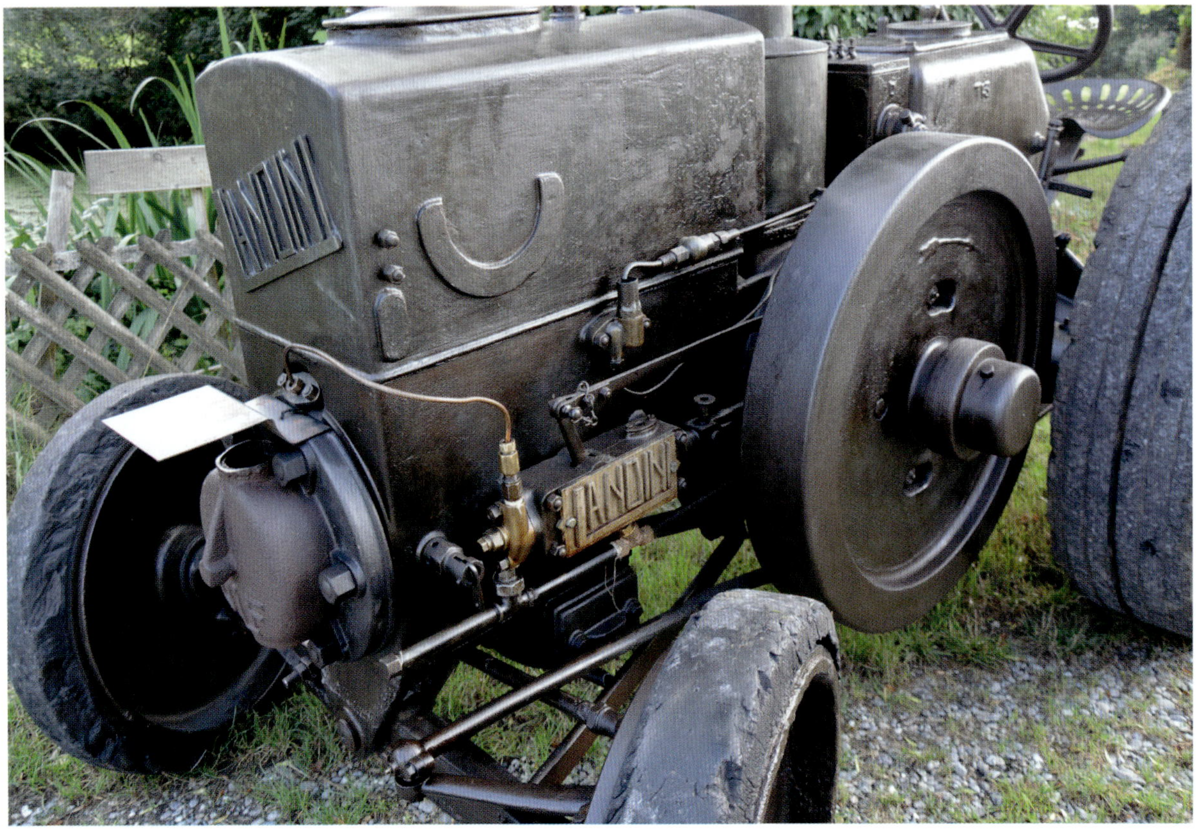

Einer der ersten Landini Traktoren, ursprünglich auf Eisenrädern. Er wurde später umgerüstet für den Straßentransport mit »Fremdrädern«

Foto aus einem alten Prospekt

McDonalds Imperial TWB

Hersteller	McDonalds - (AU)		
Typ	McDonalds - TWB		
Zylinder	1	Hubraum	11.016 cm³
Leistung	36 PS	Gewicht	3.600 kg
Bauiahr	1937		

Alfred Henry McDonalds brachte im Jahr 1908 den ersten in Australien gebauten Traktor, 2-Zylinder, 20 PS, zum Einsatz. In den folgenden Jahren wurden weitere eigene Traktoren vertrieben, aber auch amerikanische Importe wie Emmerson-Brantingham und einige Rumely Oil Pulls.

Ende der 1920er Jahre hatte sich der Erfolg der Lanz-Traktoren bis nach Australien herumgesprochen, so dass auch die A.H. McDonald & Company einen 2-Takt-Schweröl (crude oil)-Motor entwickelte. Der Motor war sehr nahe am Lanz und wurde im Vergleich zu Lanz-Traktoren um 180° gedreht, so dass der Glühkopf beim Fahrer, unterhalb vom Lenkrad, lag. Anheizen war deutlich mühsamer. Anfänglich war ein Getriebe von Rumely Oil Pull verbaut, später eine Eigenentwicklung. Vor dem Krieg wurden immerhin 600 Maschinen produziert und vor allem in Australien und Neuseeland verkauft. Einige wenige Maschinen verließen nach dem Zweiten Weltkrieg das Werk, bis 1955 endgültig das Ende nahte.

»spare 1 Pfund am Tag« – wie auch immer das geht?

In der Mitte der Glühkopf. Getriebedeckel extra geteilt für einfacheres Anheizen

Unter Last raucht der Auspuff ordentlich

Lüfterantrieb über dem Schwungrad

Kühler vorne, Glühkopf hinten

Ursus UB45

Hersteller	ITALTRACTOR - (IT)		
Typ	UB45		
Zylinder	1	Hubraum	10.382 cm³
Leistung	45 PS	Gewicht	3.100 kg
Bauiahr	1936		

Schon während seines Studiums Anfang der 1920er-Jahre baute Ulisse Bubba den ersten Glühkopfmotor. Er entwickelte sich zu einem genialen Konstrukteur. Bis 1936 entwarf er alle Bubba-Traktoren.

Später gründete er mit weiteren Gesellschaftern das Ingenieurbüro Ital Trattori Brevetti Ulisse Bubba. Das Ingenieurbüro entwickelte zunächst für das Militär Zugmaschinen und sonstige Kriegsgeräte und auch diesen Traktor Ursus.

Natürlich wurde es ein Glühkopftraktor mit 10.382 cm³ Hubraum. Fast alle Hersteller, inkl. Lanz, bevorzugten einen ähnlichen Hubraum +/- 30 cm³. Heute würde man sagen »Lanz hat den Standard festgelegt«.

Nach dem Krieg wurde die Firma verkauft und Ing. Bubba ging zur Firma Orsi, um dort das Modell Astore zu entwerfen.

Sehr hohe Bauweise mit sehr vielen Gussteilen

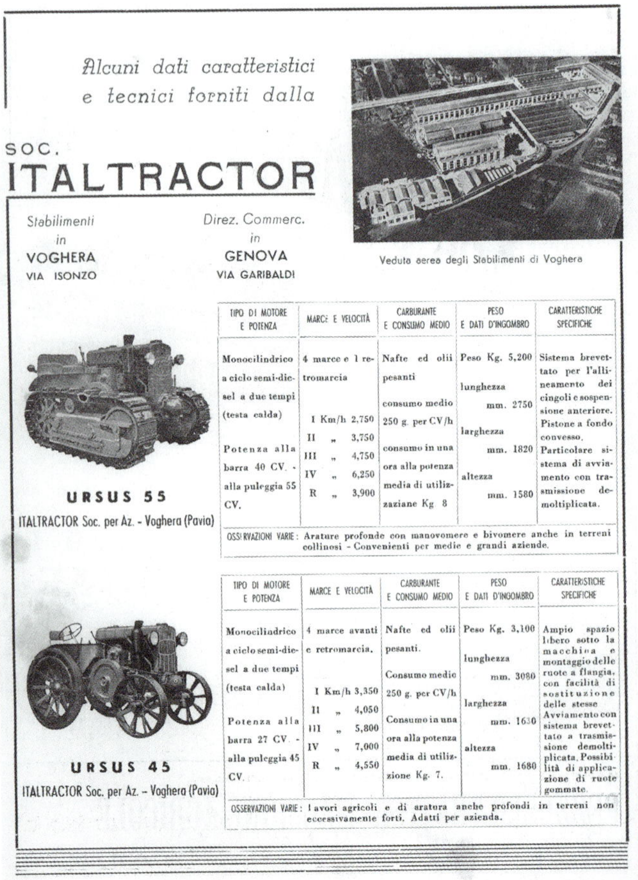

Alcuni dati caratteristici e tecnici forniti dalla

SOC. ITALTRACTOR

Stabilimenti in VOGHERA VIA ISONZO

Direz. Commerc. in GENOVA VIA GARIBALDI

Veduta aerea degli Stabilimenti di Voghera

URSUS 55

ITALTRACTOR Soc. per Az. - Voghera (Pavia)

TIPO DI MOTORE E POTENZA	MARCE E VELOCITÀ	CARBURANTE E CONSUMO MEDIO	PESO E DATI D'INGOMBRO	CARATTERISTICHE SPECIFICHE
Monocilindrico a ciclo semi-diesel a due tempi (testa calda) Potenza alla barra 40 CV. - alla puleggia 55 CV.	4 marce e 1 retromarcia I Km/h 2,750 II „ 3,750 III „ 4,750 IV „ 6,250 R „ 3,900	Nafte ed olii pesanti consumo medio 250 g. per CV/h consumo in una ora alla potenza media di utilizzaziane Kg 8	Peso Kg. 5,200 lunghezza mm. 2750 larghezza mm. 1820 altezza mm. 1580	Sistema brevettato per l'allineamento dei cingoli e sospensione anteriore. Pistone a fondo convesso. Particolare sistema di avviamento con trasmissione demoltiplicata.

OSSERVAZIONI VARIE: Arature profonde con manovomere e bivomere anche in terreni collinosi - Convenienti per medie e grandi aziende.

URSUS 45

ITALTRACTOR Soc. per Az. - Voghera (Pavia)

TIPO DI MOTORE E POTENZA	MARCE E VELOCITÀ	CARBURANTE E CONSUMO MEDIO	PESO E DATI D'INGOMBRO	CARATTERISTICHE SPECIFICHE
Monocilindrico a ciclo semi-diesel a due tempi (testa calda) Potenza alla barra 27 CV. - alla puleggia 45 CV.	4 marce avanti e retromarcia. I Km/h 3,350 II „ 4,050 III „ 5,800 IV „ 7,000 R „ 4,550	Nafte ed olii pesanti. Consumo medio 250 g. per CV/h Consumo in una ora alla potenza media di utilizzazione Kg. 7.	Peso Kg. 3,100 lunghezza mm. 3080 larghezza mm. 1630 altezza mm. 1680	Ampio spazio libero sotto la macchina e montaggio delle ruote a flangia, con facilità di sostituzione delle stesse Avviamento con sistema brevettato a trasmissione demoltiplicata. Possibilità di applicazione di ruote gommate.

OSSERVAZIONI VARIE: lavori agricoli e di aratura anche profondi in terreni non eccessivamente forti. Adatti per azienda.

Wenige Bedienhebel waren ausreichend

Der Ursus im Prospekt

Vierzon H1

Hersteller	Société Francaise Vierzon - (F)		
Typ	Vierzon H1		
Zylinder	1	Hubraum	10.338 cm³
Leistung	44 PS	Gewicht	3.200 kg
Bauiahr	1936		

Erfolg hatten nicht nur viele Väter, sondern auch viele Nachahmer. So auch einst beim Glühkopftraktor von Lanz Mannheim. Die Société Francaise Vierzon entwickelte angeblich ihren ersten Traktor selbst. Die technischen Daten ihres ersten Traktors H1 waren jedoch sehr ähnlich oder manchmal identisch zu Lanz.

Das französische Unternehmen fertigte ursprünglich wie Lanz Lokomobile (siehe Foto im Kapitel »Der erste Traktor«). Erst Anfang der 1930er-Jahre, also sehr spät, wurde auf Verbrennungsmotor und Traktoren umgestellt.

Erster Traktor aus dem Hause »Vierzon« war der hier gezeigte H1, gebaut von 1934 bis ca. 1940. Die Maschine hatte den Beinamen »Nez pointu« – spitze Nase, da die Motorverkleidung nach vorne spitz zulief. Die Maschine war bei regelmäßiger »Schmierung« und wenig Wartungsarbeiten wie die meisten Glühköpfe unverwüstlich. Weitere Modelle folgten und das Unternehmen war in der Nachkriegszeit sehr erfolgreich. Zeitweise beschäftigte »Vierzon« über 1.700 Mitarbeiter.

Nach wirtschaftlichen Schwierigkeiten stieg die Firma CASE ein und verschmolz 1960 das Unternehmen zu »CASE SFCV«. 1964 war endgültig Schluss.

Über dem Glühkopf die spitze Nase – le nez pointu

Antrieb des Lüfters

In Prospekten und Werbung wurden zu dieser Zeit die Traktoren graphisch dargestellt.

Gambino

Die Gebrüder Gambino aus der Nähe von Turin waren Lohndrescher. Mit Dampfmaschine, Dreschmaschine, Presse zogen sie von Ort zu Ort. Sie hatten 20 Züge im Einsatz.

Eines Tages wollten die Gebrüder Gambino auf Traktoren umstellen und hatten die Idee, einen eigenen Traktor zu bauen. Als Vorbild diente unverkennbar der Lanz 15/30. Die Räder und die Vorderachse stammten vom Fiat LKW 18 BC. Das meiste wurde aber in der Werkstatt von Gambino gefertigt.

Viele Bauteile waren 100% identisch mit Lanz-Teilen. Da die Gebrüder Gambino aber nur für den Eigenbedarf fertigten konnte Lanz zunächst keine rechtlichen Schritte einleiten.

Insgesamt erblickten nur ca. 20 Maschinen das Licht der Welt. Der letzte wurde 1953 zugelassen.

Von hinten waren lediglich die Kotflügel anders als beim Lanz

Fast 100% im Aussehen identisch zum Lanz 15/30

Superorsi

Hersteller	Pietro Orsi & Figlio - Tortona (IT)		
Typ	Superorsi		
Zylinder	1	Hubraum	10.340 cm³
Leistung	45 PS	Gewicht	3.280 kg
Baujahr	1948		

Im Jahr 1930 entwarf Guiseppe, Sohn von Pietro Orsi, einen Glühkopftraktor. Das kleine, aber feine Unternehmen von Pietro fertigte zu dieser Zeit landwirtschaftliche Geräte wie Dreschmaschinen, Pressen und Locomobile.

Der Traktor mit liegendem 1-Zylindermotor hatte 10.340 cm³ und 16/32 PS bei 560 U/min.

Auch ein Laie und der interessierte Leser dieses Buches erkennen in diesen Daten die Ähnlichkeit, ja Übereinstimmung, mit dem Lanz-Glühkopfmotor. So kam es schnell zum Streit mit dem übermächtigen Hersteller Lanz Mannheim. Orsi änderte daraufhin u.a. Art und Position des Kühlers und fasste das Getriebe und Differential in ein Gehäuse. Damit war der Orsi nicht mehr vollidentisch mit dem Lanz 15/30.

1933 wurde das Nachfolgemodell mit 40 PS und weiteren Veränderungen und Verbesserungen vorgestellt.

Der Super Orsi, ein Traktor mit Potenza, sagt das Prospekt

Schematische Darstellung der »Innereien«

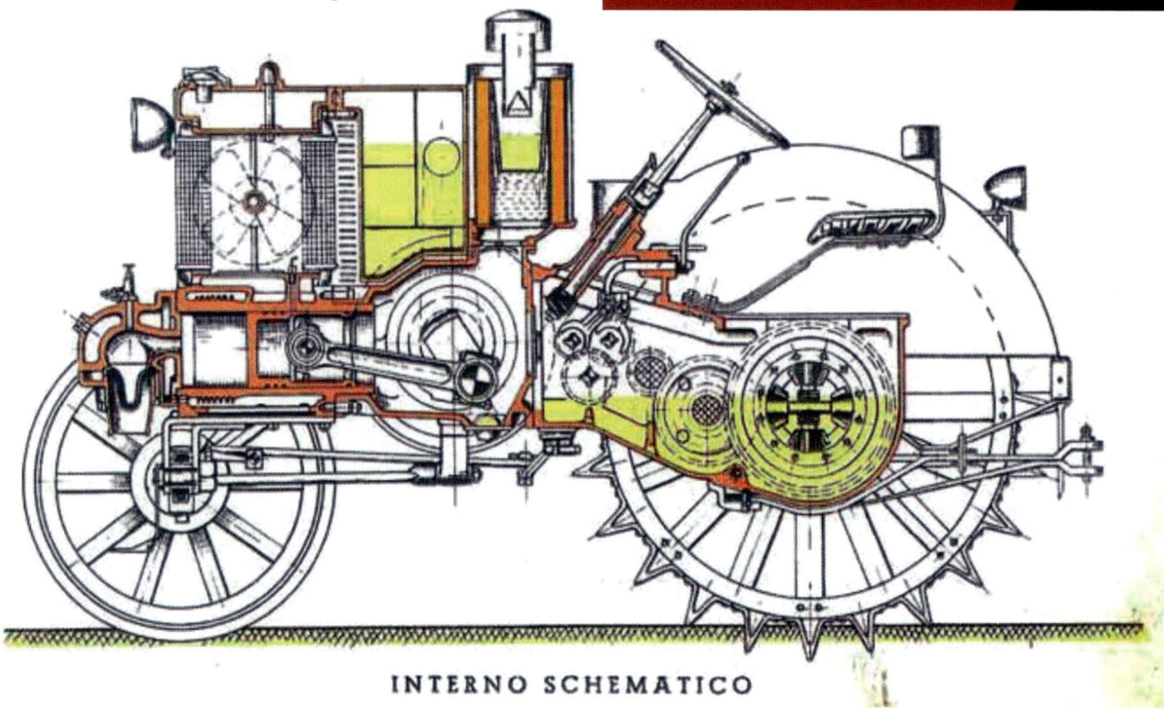

Das gegossene Emblem

Lanz HR8

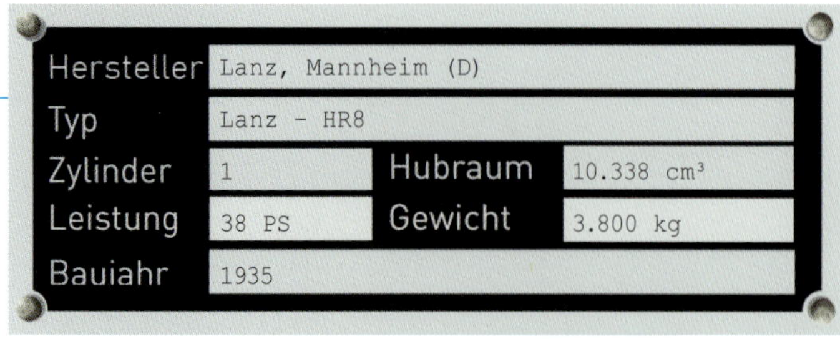

Die Lanz-Zugmaschinen waren wegen ihren robusten und sparsamen Rohölmotoren weltweit beliebt.

Beim HL 12 wurde der Verbrauch mit 12-18 kg pro Tag angegeben. Später bei den HR 8/9 mit 240 g je PS/Std. Gemäß den Druckschriften von Lanz Mannheim verarbeitet der Motor »billigste, ungefährliche, jederzeit leicht zu beschaffende Brennstoffe, wie Braunkohlenteeröl, Rohöl, Gasöl, Naphtha, Petroleum, Paraffinöl usw. bei vollkommener Verbrennung ohne Rauchentwicklung«.

Lanz konnte auf der Weltschlepperprüfung 1930 in England (und später auch in anderen Ländern) nachweisen, den sparsamsten Traktor zu bauen. Deshalb veröffentlichte Lanz eine allgemeine Stellungnahme, in der es hieß: »Es steht heute außer Zweifel, dass ein Schlepper mit Vergasermotor - ganz gleich ob er Benzin, Benzol, Petroleum ... verbrennt, auch nicht annähernd mit dem Bulldog konkurrieren kann ...«.

Lanz verwendete in der Werbung vielfach das Untersuchungsergebnis zweier Gutachter, die Vergleichstests mit einem Fordson unternahmen und zu dem Ergebnis gelangten, dass dieser die 2,9-fachen Betriebskosten im Vergleich zum Lanz verursachte (siehe Vergleichsbild).

Eine echte Straßenzugmaschine mit Winker für die Fahrtrichtungsanzeige

Mit Zwillingsbereifung und Winde

So sparsam ist der Lanz. In der Mitte der Fordson zum Vergleich

Lanz HR7

Hersteller	Lanz - Mannheim (D)		
Typ	HR7		
Zylinder	1	Hubraum	10.338 cm³
Leistung	35 PS	Gewicht	3.800 kg
Bauiahr	1938		

Für den Einsatz des Bulldogs in besonders schwierigem Gelände oder in steilen Hanglagen konnten die Traktoren mit Aufsteckketten an den Hinterrädern ausgerüstet werden. Verschiedene Hersteller der Zulieferindustrie, wie Ritscher oder die Industriewerke Karlsruhe, boten die Aufsteckketten nebst Adaptern in verschiedenen Größen an. Die Hersteller hatten verschiedene Konzepte. Ritscher arbeitete zunächst mit drei Speichenrädern. Andere, wie die Industriewerke Karlsruhe, verwendeten Vollkörperräder und im historischen Bild ist eine weitere Variante dargestellt.

Ein Wechsel von Luftbereifung auf Halbkette oder umgekehrt war einfach und schnell zu bewerkstelligen.

Bei schmierenden Böden waren die Halbkettenfahrzeuge mit deutlich höherer Zugkraft von Vorteil. Die geringere Flächenpressung durch die größere Auflagefläche vermied tiefe Spuren im Gelände.

Diese Vorteile erkennen auch heute wieder diverse Hersteller von Großtraktoren und Mähdreschern. Die Ketten sind heute aus Gummi und in der Regel auf allen vier Rädern montiert.

Lanz mit 2-Schaarpflug

Lanz mit IWK-Halbketten

Lanz mit Halbkettenantrieb

Eine weitere Bauart
der Halbketten

Munktells 22Hk

Hersteller	Munktells Mekaniska Verkstad - Eskilstuna (S)		
Typ	Munktells 22Hk		
Zylinder	2	Hubraum	7.300 cm³
Leistung	26 PS	Gewicht	2.600 kg
Bauiahr	1929		

Das Unternehmen Munktells Mekaniska Verkstad in Eskilstuna Schweden war ein erfolgreiches Unternehmen für Dreschmaschinen, Lokomobile und viele weitere landwirtschaftliche Maschinen.

1913 präsentierte Munktells seinen ersten Großtraktor Typ 30-40. Die Maschine wog ca. 8 Tonnen und war eher eine Lokomotive (wurde von Munktells auch gebaut) als ein Traktor. Im Jahr 1921 wurde ein 2-Zylinder-Glühkopftraktor vorgestellt, Typ 22 Hk, der in größeren Stückzahlen abgesetzt wurde. Die Glühlampen zum Starten wurden von einem zentralen Tank versorgt und dieser Traktor hatte bereits ein Ölbad-Luftfilter. So wie der Motor tuckerte, was nicht immer einfach war, leistete die Maschine 22 bis 26 PS.

Im Jahr 1932 fusionierte das Unternehmen mit Bolinder Mekaniska Verkstad zu Bolinder-Munktells. Dieses Unternehmen ist über Station Volvo und Valmet der Ursprung der heutigen Valtra Traktoren.

Der Kühler mit Gussrahmen

Der Schwede im Prospekt

Zwei Druckluftbehälter als Starthilfe

Der 2-Zylinder-Glühkopfmotor

HSCS MEZ 20

Hersteller	HSCS - (AT/HU)		
Typ	MEZ 20		
Zylinder	1	Hubraum	8.500 cm³
Leistung	30 PS	Gewicht	2.500 kg
Bauiahr	1927		

Hofherr & Schranz AG war zum Ende des 19. Jahrhunderts eines der erfolgreichsten Unternehmen für landwirtschaftliche Maschinen. Mit über 1.000 Beschäftigten wurde alles von Dreschmaschinen bis Pflügen hergestellt. Der Ursprung des Unternehmens geht zurück ins Jahr 1869, gegründet vom deutschen Mathias Hofherr in Wien. Der in Ungarn geborene Schranz trat 12 Jahre später ins Unternehmen ein und der Hauptsitz wurde um 1900 nach Budapest verlegt.

Clayton & Shuttleworth aus Lincoln in England war mit ähnlichen Produkten sowie mit Dampfmaschinen erfolgreich und hatte ebenfalls eine Niederlassung in Wien und Budapest. Genau diese beiden Niederlassungen wurden 1911 mit Hofherr & Schranz verschmolzen zur Hofherr-Schranz-Clayton-Shuttleworth AG (HSCS).

Aktie von HSCS

Antrieb des Lüfterrads

Im Werk Kispest (heute Teil von Budapest) widmete man sich der Traktorentwicklung und offerierte 1924 den ersten »Glühkopftraktor« MEZ 15, bald gefolgt vom MEZ 20 und diversen weiteren Modellen.

Wesentliches Merkmal der frühen HSCS-Traktoren ist die Anordnung des Glühkopfes hinten beim Fahrer, quasi unter dem Lenkrad. Der Fahrer hatte den Zustand des Glühkopfes stets im Blick. Nach wenigen Jahren drehte HSCS den Motor um 180°. Damit war die Glühnase vorne am Fahrzeug, wie bei fast allen Wettbewerbern (siehe Kapitel HSCS K40).

Der Glühkopfmotor ist anders als bei Lanz 180° gedreht eingebaut mit Glühkopf beim Fahrer

Der Glühkopf links vom Lenkrad

HSCS K40

Hersteller	HSCS - (AT/HU)		
Typ	K40		
Zylinder	1	Hubraum	9.538 cm³
Leistung	40 PS	Gewicht	3.000 kg
Bauiahr	1933		

Die ersten HSCS-Traktoren musste man mit der Glühlampe umständlich unter dem Lenkrad anheizen. 1927, nach nur drei Jahren, drehten die Ingenieure den Motor um 180°, so dass der Glühkopf wie beim Wettbewerber vorne am Traktor angesiedelt war. In den 1930er-Jahren entwickelten die Ungarn im Werk bei Budapest eine Vielzahl von Traktoren aller Leistungsklassen. Von K30-32 bis K50-55, Radtraktoren und Raupenschlepper. Der abgebildete K40 Le Robuste wurde 1933 auf Eisen ausgeliefert. Nach dem Zweiten Weltkrieg wurde er unter Verwendung von Teilen der ursprünglichen Felgen (Hinterräder) umgerüstet auf Luftbereifung. Echt professionelle Arbeit.

Die weitere Geschichte vom HSCS-Werk in Kispert ist von Höhen und Tiefen geprägt. 1938 ging die Aktienmehrheit an Lanz. Zunächst verlagerte Lanz Teile der Produktion nach Ungarn, doch schon bald diente das Werk ausschließlich zur Produktion von Kriegsmaterial.

Nach dem Zweiten Weltkrieg wurde das Werk im kommunistischen Osten umbenannt in »Czillag Traktorgyar« - Traktorwerk Roter Stern. Es erfolgte eine Neuausrichtung unter zentralwirtschaftlichen Ideen. Fortan produzierte man Dumper und Traktoren. Unter Sammlern beliebt der »Dutra« (Du ... mper, Tra ... ktoren), ein Traktor mit Motor vor den Vorderrädern. Obwohl erfolgreich mit vielen Traktoren im ganzen Ostblock, ließ das Politbüro 1975 die Produktion von Traktoren einstellen.

Auf dem Kühler gibt es viel Information

Werbeschild aus Ägypten

Der HSCS im Schnitt

H·S·C·S
Le Robuste X40

Le Robuste X40

Superlandi

Hersteller	Landini - Reggio Emilia (IT)		
Typ	Superlandini		
Zylinder	1	Hubraum	12.208 cm³
Leistung	48 PS	Gewicht	3.650 kg
Bauiahr	1941		

Motor, Getriebe, Differential und Hinterachse bildeten eine Einheit, aus schweren Gussteilen zusammengesetzt. Selbst die Kühlereinfassung war aus Guss, so dass die Maschine je nach Ausstattung nahezu 3 ½ Tonnen auf die Waage brachte. Bei diesem Gewicht und einem 1-Zylinder-Glühkopfmotor mit 12,2 Liter Hubraum war die Zugkraft dieses Traktors enorm. Da ging manchem Lanz die Luft aus (siehe Foto).

Die Anhängelast wurde vom Hersteller mit 50 Doppelzentner angegeben. Überraschend, denn der Landini hat keine Fußbremse. Rechts ist ein Kupplungspedal und links nur ein Handhebel, für die auf das Getriebe wirkende Handbremse. Es war in dieser Zeit durchaus üblich, die Bremse nur auf eine Getriebewelle wirken zu lassen, oft mit einem einfachen Schleifband und immer mit überschaubarer Bremswirkung.

Erreichte der Traktorfahrer mit schwerem Anhänger eine abschüssige Straße, musste er sich auf den Beifahrer, platziert auf der Sitzbank des Hängers, verlassen können. Anhänger hatten eine eigene Bremse, meist mit Kurbel vorne neben der Anhängersitzbank (manchmal auch eine geschlossene Kabine mit Fenster). Der Anhängerbeifahrer musste bei Talfahrt also rechtzeitig kurbeln und der Traktorist mit aller Kraft den Handbremshebel ziehen. Dazu musste der Motor beobachtet werden, da der Glühkopfmotor bei Fahrt ohne Lastbetrieb zum Abkühlen, also zum Ausgehen neigt. Talfahrt war also immer etwas Abenteuer.

Schnittzeichnung des Superlandini

Der Landini schafft jeden Lanz

Beeindruckender Prospekt

Massiver Gusskühler

Mavag T20/25 - Glühkopftraktor

Hersteller	Mavag - (HU)		
Typ	T20/25 Glühkopftraktor		
Zylinder	1	Hubraum	5.225 cm³
Leistung	20/25 PS	Gewicht	1.550 kg
Bauiahr	1950		

Mavag ist die Abkürzung in ungarischer Sprache für »Königlich Ungarische Staats-Eisenbahn-Fabrik«. Die Fabrik im 8. Bezirk von Budapest fertigte nicht nur Lokomotiven und Triebwagen, sondern im Laufe seiner Geschichte auch LKW, Omnibusse und auch PKW (zum Beispiel in Lizenz von Ford).

1959 wurde die letzte Dampflokomotive ausgeliefert, insgesamt über die Jahrzehnte 7.578 Stück.

In der Nachkriegszeit versuchte das Unternehmen stärker im Traktorgeschäft Fuß zu fassen, allerdings ohne Erfolg. Die Zeit der Glühkopfmotor-Traktoren war vorbei. Die Traktorproduktion wurde schnell wieder eingestellt. Es gibt nur wenig Traktoren, die überlebt haben, einige wenige in Ungarn.

Unübersehbare Typenbezeichnung T20/25 am Mavag Traktor

Der karge Platz des Fahrers

MAVAG
T
20
25

Hanomag SR 45

Hersteller	Hanomag - Hannover-Linden (D)		
Typ	SR 45		
Zylinder	4	Hubraum	5.195 cm³
Leistung	45 PS	Gewicht	3.800 kg
Bauiahr	1936		

Anfang der 1930er-Jahre experimentierten Reifen- und Traktorhersteller mit Luftreifen an Zugmaschinen. Als die Continental Gummiwerke AG 1934 die ersten in Deutschland serienmäßig hergestellten großen Traktorluftreifen vorstellte, kam der Durchbruch.

Die Hanomag AG setzte bei ihren Straßenzugmaschinen ab diesem Zeitpunkt konsequent auf Luftbereifung. So kamen beim Model SR45 erstmals vorne Nieder- oder Hochdruckreifen und hinten Aero-Riesenluftreifen zum Einsatz. Damit konnte die Höchstgeschwindigkeit auf 28 km/h ausgelegt werden - ein großer Vorteil im Transportgewerbe. Die Bremsen waren jetzt Trommelbremsen im Hinterrad.

Die wenig effektiven Getriebebremsen waren für diese Geschwindigkeit nicht geeignet. Es wurde immer mehr Komfort für den Fahrer angeboten: Kabine oder Windschutzscheibe mit Verdeck und Scheibenwischer, Druckluftanlage für Hängerbetrieb, Dachscheinwerfer, Kilometerzähler ... Mit seinen durchgehenden Kotflügeln war der SR45 eine automobilähnliche Zugmaschine. (Mehr zu Hanomag beim RL20).

Natürlich gefederte Vorderachse für die Straßenzugmaschine

Auch bei diesem Hanomag noch immer das typische Kennzeichen, »der runde Tank«

Hanomag SR 45 für den Straßenverkehr mit Winkern auf den Kotflügeln

Anlieferung einer großen Ladung der Holzhandlung Schiermeyer

John Deere »B«

Hersteller	John Deere - Moline (USA)		
Typ	B		
Zylinder	2	Hubraum	2.866 cm³
Leistung	18 PS	Gewicht	1.307 kg
Bauiahr	1944		

Nach dem »Fremdstart« der Traktorproduktion bei John Deere (siehe Kapitel »Waterloo Boy«) überraschte das Unternehmen 1934 mit einem neuen Traktorkonzept Typ A.

Ein Jahr später folgte das hier dargestellte, leicht veränderte Model »B«. Es sollte der meist verkaufte Traktor von John Deere werden mit ca. 306.000 hergestellten Exemplaren.

Das »Dreirad« war ideal für die Pflege der Reihenkulturen (z.B. Baumwolle). Nach Verändern der hinteren Spurweite war der Traktor bei jedem Pflanzabstand einsetzbar. Der Zwischenachsanbau sicherte einen guten Überblick auf die Pflegegeräte.

Über die folgenden Jahrzehnte wuchs John Deere kontinuierlich. Diverse Zukäufe (z.B. Lanz Mannheim) sorgten ebenfalls für steigenden Umsatz, so dass John Deere heute weltweit der größte Hersteller von Traktoren und Landmaschinen ist.

Hinterachse mit Zapfwelle

Die Werbung für Traktoren zeigte oft ein idyllisches Landleben

Einfache Verstellung der hinteren Spurweite

Der ideale Traktor für den Anbau in Reihenkulturen

Bührer BG 4

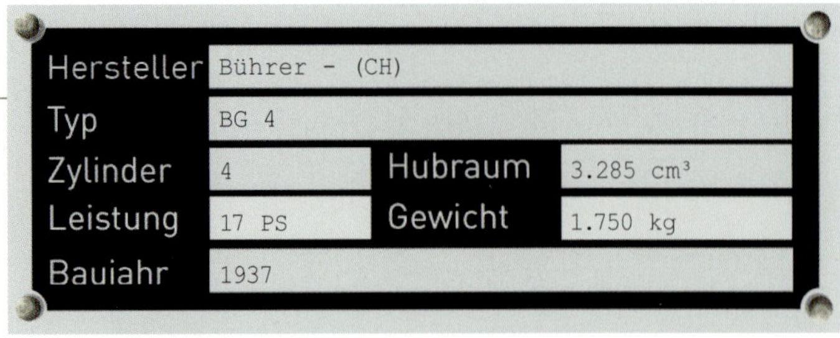

Fritz Bührer war Ford-Auto- und Ford-Traktorhändler in der Schweiz. Für gute Kunden oder Bekannte modifizierte Bührer PKW's zum »Autotraktor«. Dazu entwickelte er eigens eine Hinterachse. Als Bührer die Zusage für die Lieferung von Ford-Motoren erhielt, wurde ab 1930 die Idee des eigenen Traktorbaus forciert. Markantes Merkmal seiner ersten Serientraktoren mit den Modellbezeichnungen A, B, C war die hölzerne Werkzeugleiste mit dem Schwingsitz.

Für den Straßentransport bot Bührer komfortabel Sitzbänke und Führerhaus/Verdeck an. Es war der Anfang der bei Sammlern heute begehrten Bührer-Industrietraktoren.

1937 folgte die zweite Baureihe BG 4 mit Ford-4-Zylinder-Motor und BG 6 mit Chevrolet-6-Zylinder-Motor. Neu war die serienmäßige Hinterachssperre, die das Durchdrehen eines Hinterrades bei schwierigem Untergrund verhindert. Die Hinterräder konnten über zwei große unabhängige Bremshebel unter dem Lenkrad einzeln abgebremst werden. So wurden in schwierigem Gelände die Lenkvorgänge unterstützt bzw. ein Wenden auf kleinstem Radius war möglich. Viele optimierte technische Details, wie z.B. die Bührer-Vorderachse, die einen 80°-Radeinschlag erlaubte, sorgten für große Anerkennung bei der Kundschaft sowie reißenden Absatz. Viele erfolgreiche Jahre folgten.

In den 1960/70er-Jahren wurde der internationale Wettbewerb auch in der Schweiz für den kleinen Hersteller Bührer immer bedrohlicher. Im Sommer 1973 verkauft Fritz Bührer im Alter von 77 Jahren das Unternehmen an die Rapid Maschinen und Fahrzeug AG.

Das Anhängemaul ist nicht höhenverstellbar, aber in jeder Anhängerhöhe vorhanden

Demonstration der Leistungsfähigkeit des Traktors

Große Scheinwerfer sorgen für eine gute Ausleuchtung der Fahrspur

Brummer L237

Hersteller	Maschinenfabrik R. Hartwig - Rudolstadt (D)		
Typ	Brummer L237		
Zylinder	1	Hubraum	1.684 cm³
Leistung	11 PS	Gewicht	1.320 kg
Bauiahr	1937		

Anfang des 20. Jahrhunderts war die Maschinenfabrik Rudolf Hartwig Rudolstadt Thüringen für seine Jauchepumpen bekannt.

Der Junior Raimund versuchte sich Mitte der 1930er-Jahre im Traktorbau. Zunächst wurden zwei Prototypen hergestellt (auf den Fotos: Prototyp Nr. 2). Viele Teile wurden selbst gefertigt, der Motor stammte von Hatz. Brummer gelang es, eine kleine Serie aufzulegen, mit überarbeiteter Maschine. Es gab von allen Seiten Lob. Eins von vielen lautete wie folgt:

Rödelwitz, den 12.10. 37

Das Probepflügen am 30.09.37 ist zu meiner größten Zufriedenheit ausgefallen. Der Boden war so hart, daß ein Ackern mit den Pferden unmöglich war.

Ich kann jedem Landwirt, dem Angespanne und Arbeitskräfte fehlen, nur zu einem »Brummer« raten. Was 2 Pferde in 6 Stunden leisten, macht der »Brummer« in einer Stunde. Hervorzuheben ist noch die kurze Wendigkeit des »Brummer«, die einfache Handhabung, sowie der sparsame Betriebsstoffverbrauch.

Gez.

Karl Luge, Bauer

Doch alle Lobeshymnen halfen nicht. 1938 war Schluss. Der Traktor entsprach nicht den Kriterien des Schellplans (siehe Kapitel »Güldner A20«) und wirtschaftliche Probleme sorgten für ein schnelles Ende.

Der Brummer leistet das 5-fache von zwei Pferden ?

Das Typenschild mit Fabrik Nr. 352, obwohl einer der ersten Maschinen

Der Hatz-Motor

Brummer in original Patina mit Mähwerk

Späterer Brummer in verbesserter Ausführung

Fendt F18

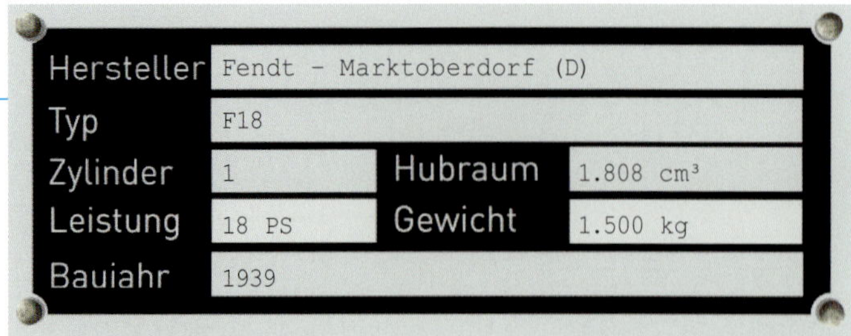

Der fortschrittliche Bauer in der Grünlandwirtschaft (z.B. im Allgäu) hatte einen Gespanngrasmäher. Von Pferden gezogen, wurde der Mähbalken über die Räder angetrieben. Wer das nötige Kleingeld besaß, konnte auch einen zusätzlichen Verbrennungsmotor zum Antrieb des Mähbalkens kaufen. Dann musste das Pferd nur das Gerät ziehen, nicht aber die Kraft für den Grasschneidevorgang aufbringen.

Die Gebrüder Fendt und Vater Georg in Marktoberdorf im Allgäu hatten sich die naheliegende Frage gestellt: Wieso kann der Motor nicht auch die Fortbewegung erledigen? In der eigenen Schmiede entstand so der erste selbstfahrende Grasmäher im Jahr 1928. Schnell folgten professionellere Modelle mit Deutz-Motor, zuerst 9 PS dann 12 PS. Damit konnte man leicht zwei Tagwerke in der Stunde mähen oder auch pflügen. (Ein Tagwerk war der Begriff dafür, was man an einem Tag von Hand erledigen konnte. Je nach Gegend in Deutschland 2.500–2.600 qm.)

1937 wurde ein weiterer starker Traktor vorgestellt: Das Dieselross F18. Da die Traktoren das Pferd ersetzten, wurde bei Fendt der Name »Dieselross« eingeführt. Im Jahr darauf durfte Fendt die Auslieferung des 1.000sten Traktors feiern. Mehr bei Fendt F22.

Das Dieselross – tolles Werbeprospekt

Der Fendt in schöner Patina

Motor mit Riemenscheibe

Lanz HRK

Hersteller	Lanz - Mannheim (D)		
Typ	HRK55		
Zylinder	1	Hubraum	10.338 cm³
Leistung	55 PS	Gewicht	5.280 kg
Bauiahr	1938		

Bereits seit dem Jahr 1932 befasste sich Lanz mit der Entwicklung eines Vollketten-Bulldogs. Über die Jahre wurden Kettenbulldogs mit 38, 45 und zuletzt mit 55 PS angeboten. Natürlich war bei allen Maschinen der bewährte Glühkopfmotor verbaut. Das Getriebe ermöglichte sechs Fahrgeschwindigkeiten vorwärts und zwei rückwärts. Die Lenkung erfolgte über zwei große Lenkhebel. Wurde einer bedient, so rückte die Lamellenkupplung des jeweiligen Kettenantriebs aus und das Fahrzeug drehte sich in diese Richtung. Das Lenkrad, hinter dem Sitz gelagert, diente nur zum Anwerfen der Maschine.

Der Raupenbulldog wurde in der Landwirtschaft zum Beispiel beim Pflügen in schwerem Gelände eingesetzt, aber auch in der Bauindustrie. Vielfach wurde ein Planierschild verbaut und auf Initiative der in Mannheim benachbarten Firma Vögele wurde eine spezielle Straßenbau-Raupe entwickelt. Diese Maschine war unter anderem mit einem Vorgelege-Getriebe ausgerüstet, um mit geringer Geschwindigkeit den Vögele Straßenfertiger zu ziehen.

Bis Ende der 1930er-Jahre exportierten die Mannheimer einen Großteil ihrer Produktion in alle Welt. Lanz-Zugmaschinen traf man in Australien, Südamerika oder in verschiedenen Ländern Afrikas an. Die Lanz-Raupe wurde überwiegend exportiert, wie auf verschiedenen Verkaufsprospekten dargestellt.

Lanz ist in aller Welt vertreten

Funktionsschaubild der Bulldog-Raupe

Lanz Raupe im Sägewerk

Anwerfen der Raupe

Das Lenkrad dient nur zum Anwerfen des Motors

Diese Maschine war in Australien im Einsatz

Lanz Aulendorf – Samson II

Hersteller	Lanz Aulendorf (D)		
Typ	Samson II		
Zylinder	1	Hubraum	1.350 cm³
Leistung	11 PS	Gewicht	1.350 kg
Bauiahr	1937		

Bereits im Jahr 1888 gründete Hermann Lanz (nicht zu verwechseln mit Heinrich Lanz, Mannheim) eine mechanische Werkstätte in Aulendorf (heute Baden-Württemberg), die im Laufe der folgenden Jahrzehnte verschiedene landwirtschaftliche Geräte herstellte und 1929 den ersten motorisierten Mähschlepper Typ »Samson« präsentierte.

Kurz zuvor hatte Fendt seinen selbstfahrenden Gasmäher vorgestellt. Die ersten Fahrzeuge wurden noch mit unterschiedlichen Motoren, je nach Kapitalstärke der Käufer, gebaut. In der Folgezeit wurden jedoch überwiegend Deutz-Motoren eingebaut. So auch bei dem hier gezeigten Samson II, dem Nachfolgermodell des Grasmähers.

Im Prospekt für die Maschine heißt es: »Der Samson II ist nach dem Urteil erster Sachverständiger des Reiches auf der Reichsnährstand-Ausstellung als die schönste und vollkommenste Lösung der Kleinschlepperfrage ... bezeichnet worden«.

Weiter im Prospekt:

Der 11 PS Diesel-Samson II

- **Pflügt:**
  Ein- bis zweischarig und schält dreischarig
- **Mäht:**
  Gras und Getreide bis zu 60 ar pro Stunde
- **Zieht:**
  Dünger- und Heuwagen und Lasten bis zu 6 Tonnen
- **Treibt:**
  alle stationären Maschinen und leistet an der Riemenscheibe 11 PS
- **Ersetzt:**
  2–3 Pferde und eine Arbeitskraft
- **Schaltet:**
  das Pferderisiko aus
- **Arbeitet:**
  viel billiger und schneller als Pferde.

Nach Prospektangabe stellt die moderne Technik sicher, dass der Traktor auch nach vielen Jahren nicht »veraltet«.

Spätere leicht geänderte Ausführung des Samson II

Der Samson II, einer der aller ersten

Hanomag RL20

Hersteller	Hannomag - Hannover Linden (D)		
Typ	Hanomag RL20		
Zylinder	4	Hubraum	1.910 cm³
Leistung	20 PS	Gewicht	1.615 kg
Bauiahr	1939		

Ist das ein Auto oder ein Traktor? Die Frage ist berechtigt. In den 1930er-Jahren boten alle Hersteller einen kleinen »Bauernschlepper« an, gedrängt einerseits von der Reichsregierung, aber auch von Mitbewerbern wie z.B. Fordson.

Hanomag entwickelte daraufhin den RL 20, indem sie viele Teile aus ihrer Pkw-Produktion übernahmen. So stammte z.B. der Motor vom Pkw Hanomag Record Diesel D19A. Auch Achsen, Instrumente und vieles mehr stammten aus dem großen Hanomag-Baukasten. Der Traktor wurde gerne mit der Sonderausstattung lange Sitzbank (für 2 Personen), Windschutzscheibe und Dach bestellt. So konnte man die Zugmaschine auch für private Sonntagsausfahrten nutzen, Verwandte besuchen oder in die Kirche fahren. Auf dem Acker zog der RL 20 einen einscharigen Pflug. In der Bedienungsanleitung heißt es: »Einschariger Pflug, mittelschwere Böden, 30 cm Arbeitsbreite, 30 cm Tiefe ist möglich.«

Es war eben der kleine Bauernschlepper und oft hieß es: »ein Kilo Blech, ein Kilo Lack, fertig ist der Hanomag«.

Mehr zu Hanomag beim R40.

Mit gelbem Dreieck als Hinweis für Anhängerbetrieb

Der RL 20 beim Pflügen

gut ausgerüstet mit Riemenscheibe, Feuerlöscher und Betonballast

SLM »Loki«

Hersteller	SLM - Winterthur (CH)		
Typ	SLM »Loki«		
Zylinder	2	Hubraum	1.100 cm³
Leistung	22 PS	Gewicht	1.200 kg
Bauiahr	1938		

In der Weltwirtschaftskrise und in den Folgejahren suchte die Schweizer Lokomotiv- und Maschinenfabrik (SLM), wie viele andere Unternehmen, verzweifelt nach Aufträgen und Auslastung für die Fabrik. Die Direktion entschied sich um 1930 für die Entwicklung eines Traktors. Die Maschine musste natürlich mit bestehenden Herstellern konkurrieren und deshalb waren die Ingenieure besonders gefordert. Das Ergebnis ihrer Arbeit wurde 1933 präsentiert - ein Dreirad.

Bremspedal »B« und Kupplungspedal »K«

Das gemäß SLM äußerst innovative Lenkungskonzept sah eine Differential-Lenkung der hinteren Räder vor (einseitiges Abbremsen der Hinterräder) und eine klassische Lenkung des Vorderrades (gab es schon von anderen Herstellern). Beide unabhängig voneinander. Der Fahrer verfügte über ein klassisches Lenkrad für das Vorderrad und darunter zwei massive gegossene Lenkhebel, um das entsprechende Hinterrad abzubremsen (Foto). Der »Loki«, wie die Schweizer sagen, war damit sehr wendig, wichtig für die Schweizer Landwirte, mit oft kleinen Feldern und Wiesen.

In der Werbung des Unternehmens wurde darüber hinaus die Möglichkeit der Anbauhänger gepriesen. Das Vorderrad konnte dann hochgeklappt oder demontiert werden. Die angetriebene Hinterachse erhielt damit vollen Ballast und bessere Traktion. Die unteren Gänge waren stark untersetzt für hohe Zugkraft, der 3. Gang war schnell für die Fahrt zum Acker. Um Verwechslungen zu vermeiden, ist auf dem Kupplungspedal »K« und auf der Bremse »B« eingegossen. Das war wohl in der Schweiz nötig.

Der »Loki« wurde ca. 400 Mal gebaut, und Anfang der 1950er-Jahre wurde bei SLM die Traktorproduktion eingestellt.

Der ideale Grünlandtraktor mit Mähwerk

Frontansicht mit Gasscheinwerfer und Anlasskurbel rechts im Bild

SLM mit Heuwender

Bremshebel für die Hinterräder unter dem Lenkrad

Deutz F1M414

Hersteller	Deutz - Köln (D)		
Typ	F1M414		
Zylinder	1	Hubraum	1.100 cm³
Leistung	11 PS	Gewicht	1.080 kg
Bauiahr	1937		

In den frühen Jahren des 20. Jahrhunderts waren Traktoren vor allem auf großen Gütern anzutreffen. Der »Kleinbauer« konnte sich einen Traktor nicht leisten. Das sollte sich in den 1930er-Jahren ändern. Verschiedene Hersteller boten kleinere, preiswerte Traktoren an, und so stellte Deutz im Olympiajahr 1936 seine »Bauernschlepper« vor. Der Anschaffungspreis von 2.300 Reichsmark anfangs war für manchen Bauer bezahlbar. Die Maschine war äußerst zuverlässig und der 1-Zylinder sparsam im Verbrauch. Anlasser, Zapfwellen und Riemenscheibe waren vorhanden. Optional konnte ein Mähwerk, Klappgreifer, Zwischengetriebe (siehe Bild) oder elektrische Beleuchtung bestellt werden.

Der »11er Deutz«, wie er im Volksmund hieß, wurde bis 1951 ganze 19.000 Mal verkauft. Nach Kriegsende war die Maschine mit 4-Gang-Getriebe und 12 PS Leistung ausgestattet.

Lesen Sie mehr über Deutz beim F1L514.

Hinterrad mit Klappgreifern

Zwischengetriebe mit Schalthebel oben

Pflug mit zwei Scharen für Links- bzw. Rechtsarbeiten

Diese Fahrt ist nur mit zusätzlichen Greifern am Hinterrad möglich

Der »Bauernschlepper«

Théophile Schneider

Hersteller	Automobiles Th. Schneider - Besançon (F)		
Typ	Tracteur »Normal«		
Zylinder	4	Hubraum	2.800 cm³
Leistung	35 PS	Gewicht	2.500 kg
Bauiahr	1938		

Die Bodenbearbeitung in den oft steilen Weinbergen war eine harte Arbeit, die Böden waren schwer, lehmartig und auch bei leichter Nässe sehr rutschig. Der Einsatz von Traktoren, selbst mit Eisenbereifung und Greifern, schwierig.

Théophile Schneider aus Besançon in Frankreich, ein Hersteller von PKW`s, erkannte die Not der Weinbauern und entwickelte nach dem Ersten Weltkrieg einen Raupentraktor. Dieses Fahrzeug wurde in zwei Baubreiten angeboten. Für den land- und forstwirtschaftlichen Betrieb 1,18 m breit, für die Weinberge 0,86 m breit.

Die Nachfrage für diese Maschine war in den 1930er-Jahren nicht übermäßig, aber beständig. So wurden bis 1939 Kettentraktoren in Besançon gefertigt, wohingegen die Autoproduktion schon 10 Jahre früher eingestellt wurde.

Senkrechtes Lenkrad und unbequeme Sitzposition

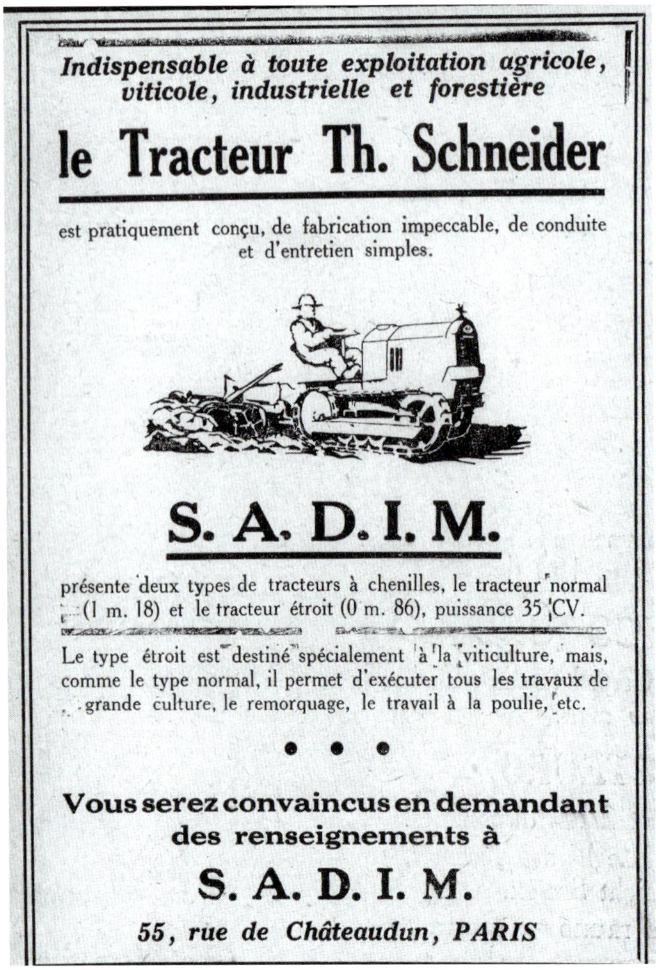

Zeitungswerbung für die Schneider Raupe

Der Fahrer hatte es nicht wirklich bequem

Die Raupe mit schwerer Walze

Holder Autorecord

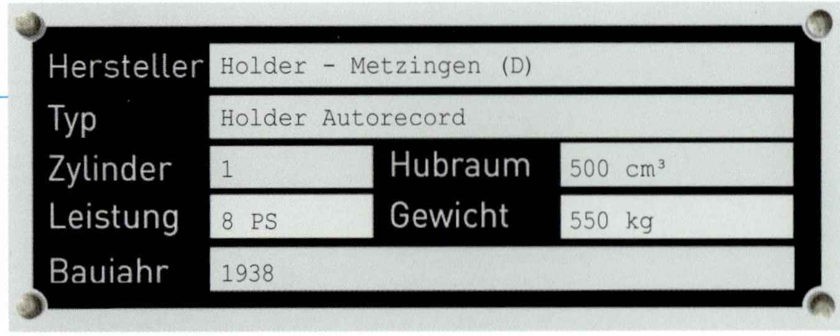

Die 1888 von den Brüdern Holder gegründete Maschinenfabrik entwickelte sich nach 1900 am Standort Metzingen immer mehr zum Spezialisten für Spritzen zur Schädlingsbekämpfung. Bereits 1898 wurde die erste Rückspritze der Öffentlichkeit vorgestellt. In der Folge wurden alle Arten von Spritzen, auf Karren als Pferdegespann, und bald auch motorisiert entwickelt. Zwischendurch versuchte man sich bei Holder auch mit dem Bau handbetriebener Staubsauger. Dies wurde jedoch bald wieder eingestellt und man konzentrierte alle Energie, neben den Spritzen, auf die Entwicklung motorbetriebener Einachser-Zugmaschinen (siehe Kapitel Holder NHT).

1937 wurde das Topmodel im Bereich Spritzen vorgestellt: der Autorecord. Die Baumspritze hatte ein Fass mit 300 Liter Fassungsvermögen, selbstfahrend und natürlich mit der »Holder Motorspritzenpumpe im Vollölbad« ausgestattet. Das Gerät konnte in großer Stückzahl verkauft werden. Viele Maschinen waren bis in die 70er Jahre im Einsatz.

Das Holzfass gab es wahlweise auch in Messing

Autorecord mit Schlauchtrommel vorne

Die klassische Piccolo Spritze

Der 1-Zylinder Motor von Holder

Lanz HR 7

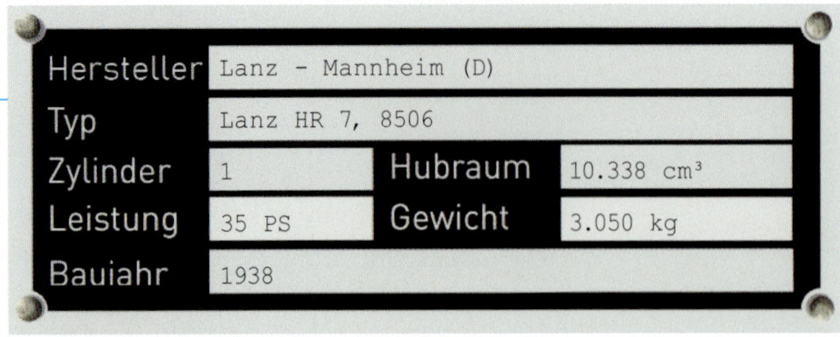

Hersteller	Lanz - Mannheim (D)		
Typ	Lanz HR 7, 8506		
Zylinder	1	Hubraum	10.338 cm³
Leistung	35 PS	Gewicht	3.050 kg
Bauiahr	1938		

Der Lanz Bulldog war vor dem Krieg der beliebteste Traktor, nicht nur in Deutschland. Er wurde in viele Länder Lateinamerikas exportiert nach Südafrika, Australien und viele mehr. Europa war durchsetzt von Lanz Traktoren, auch der Osten und Russland. In vielen Ländern versuchten Unternehmen den Glühkopftraktor und seinen weltweiten Erfolg zu kopieren mit und ohne Lizenz. In Frankreich fand man »Le Percheron, in Argentinien den Pampa, in Polen den Ursus, in Australien den Kl Balldog und in Italien gleich mehrere Kopien des erfolgreichen Bulldogs.

Bis zum Jahre 1942 waren über 100.000 Lanz Traktoren in aller Welt geliefert worden. Bis zur Übernahme von John Deere im Jahre 1956 verdoppelte sich diese Zahl noch.

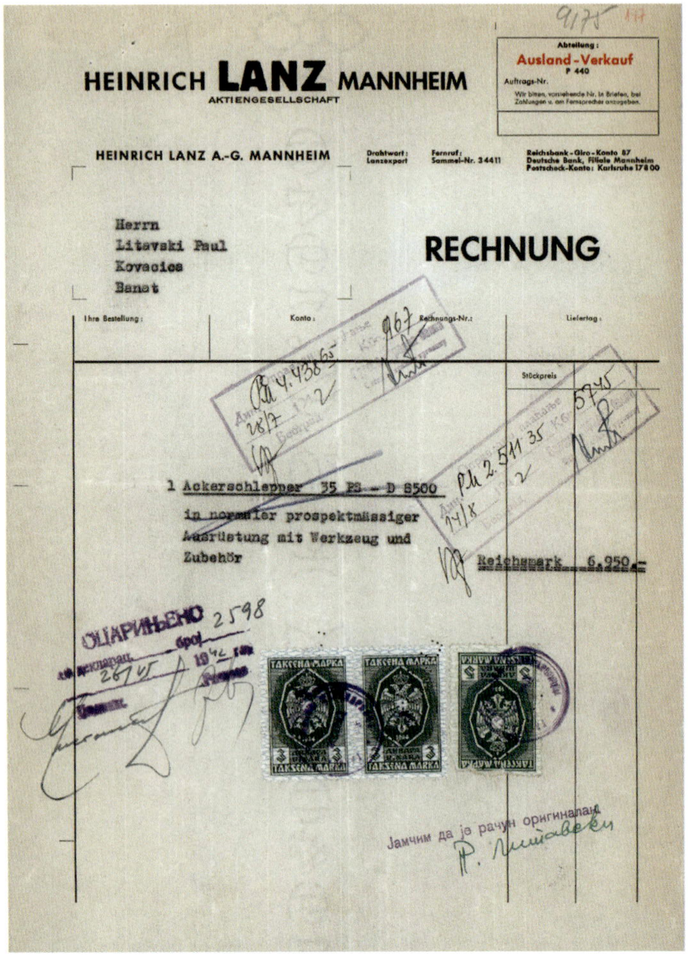

HEINRICH LANZ MANNHEIM
AKTIENGESELLSCHAFT

Abteilung: Ausland-Verkauf P 440

HEINRICH LANZ A.-G. MANNHEIM

Herrn
Litevski Paul
Kovacica
Banat

RECHNUNG

1 Ackerschlepper 35 PS - D 8500
in normaler prospektmässiger
Ausrüstung mit Werkzeug und
Zubehör

Reichsmark 6.950,-

Јамчим да је рачун оригиналан

Auslandsverkauf ins heutige Gebiet von Serbien

Anhängemöglichkeit am Leiterwagen für Traktor und Pferd

Stroh wird von Hand verladen

Oft wurden noch die alten Leiterwagen eingesetzt. In der Erntezeit waren viele Hänger von Vorteil.

MAN AS 250

Hersteller	MAN - Augsburg (D) / Suresnes (F)		
Typ	AS 250		
Zylinder	4	Hubraum	4504 cm³
Leistung	50 PS	Gewicht	3400 kg
Bauiahr	1939		

Beim Namen MAN (Maschinenfabrik Augsburg-Nürnberg) denkt man zu allererst an schwere LKW's. Tatsächlich waren LKW (1915) neben Straßen- und Eisenbahnen eines der ersten mobilen Produkte. MAN ist aber auch bekannt als älteste Dieselmotorenfabrik. Viele Jahre arbeitete Rudolf Diesel an seinem »Dieselmotor« bei MAN.

Mit einem Motorpflug versuchte MAN ab 1921 in der Landwirtschaft Fuß zu fassen. Der Erfolg am Markt war bescheiden, so dass Ende 1924 die Produktion eingestellt wurde zugunsten anderer Produkte wie LKW's.

Nach der Machtübernahme 1933 und der nachfolgenden »Blut und Boden« Politik war die Mechanisierung der Landwirtschaft angesagt. Offiziell hieß es »wir brauchen 500.000 zusätzliche Traktoren im Reich«.

Unter anderem war dies ein Grund für MAN, wieder ins Traktorengeschäft einzusteigen. 1938 konnte eine Neuentwicklung AS 250 vorgestellt werden. Eine starke Zugmaschine für Straße und Landwirtschaft mit vielen technischen Raffinessen: Schwingachsen, 12 Volt Anlasser (der Kaltstart ohne Hilfsmittel), Riemenscheiben hinten, Seilwinde optional usw. Neben dieser Maschine wirkte der Lanz Traktor wie aus einem anderen Jahrhundert.

Durch den einsetzenden Weltkrieg konnten bis 1943 nur 355 Stück das Werk verlassen. Weitere Traktoren wurden ab 1943 in Frankreich bei der Firma Latil, in Suresnes, nahe Paris, gebaut.

So wurde der MAN gefunden

»Ergonomisch« gestalteter Führerstand

Werksfoto von MAN

Prospekt des MAN AS250

Lanz HN3

Hersteller	Lanz - Mannheim (D)		
Typ	HN3		
Zylinder	4	Hubraum	4767 cm³
Leistung	25 PS	Gewicht	2600 kg
Bauiahr	1940		

Seit Einführung des 10 Liter Motors 1925 war die Leistung von ursprünglich 22 PS auf 40 PS Anfang der 30er-Jahre gesteigert worden. Parallel zu dieser Entwicklung hatte Lanz an einem kleineren Motor mit 4,7 Liter Hubraum und 20 PS Dauerleistung gearbeitet.

Im Jahre 1931 erschien der erste Traktor mit dieser Motorisierung auf dem Markt. Der kleine Lanz war geboren mit der Bezeichnung HN1. Auch bei diesem Typ ging die Entwicklung rasch weiter. HN2, HN3, HN4 in verschiedensten Ausführungen, wie beim großen Bulldog. Angeboten wurde »der Kleine« als Ackerluftbulldog, Verkehrsbulldog, Eilbulldog, später dann mit 25 PS.

Der Traktor war vor allem bei kleineren landwirtschaftlichen Betrieben, aber auch im Gewerbe aller Art sehr beliebt.

Die Jugend darf auch schon Lanz fahren

Das Originalprofil der Hinterräder ist sehr schön erhalten

Der klassische Aufbau fast aller Lanz Bulldogs

Holder NHT

Hersteller	Holder - Metzingen (D)		
Typ	New Holder Traktor		
Zylinder	1	Hubraum	400 cm³
Leistung	9 PS	Gewicht	455 kg
Bauiahr	1938		

Die Firma Holder aus dem schwäbischen Metzingen hatte sich in den 20er Jahren vor allem mit Spritzen für die Landwirtschaft einen exzellenten Ruf verschafft. Die Mannschaft von Holder war bei ihren Kunden im Wein- und Obstbau mit deren schwerer täglichen Arbeit bestens vertraut.

Max Holder war stolz, im Jahre 1930 genau für dieses Klientel eine leichte Zugmaschine entwickelt zu haben. Der Holder Pioneer war ein handgeführter Einachserschlepper. Der Verkauf lief schleppend an, dennoch entschied man sich zur Weiterentwicklung und alsbald wurde der Neue Holder Traktor (NHT) vorgestellt. Technisch in vielem verbessert. Vor allem konnten die Antriebsräder jetzt einzeln gebremst werden. Ein großer Vorteil beim Kurvenfahren und Wenden.

Der NHT wurde von der Kundschaft angenommen und viel gelobt. In einem Brief an Holder schreibt ein Bauer: »Endlich muss ich abends nicht mehr füttern und kann in Ruhe mein Viertele schlozen«.

Die Eisenbereifung verlieh der Maschine eine hohe Zugkraft

Der neue Holder bei der Feldarbeit. Oma ist auch dabei.

Der NHT mit angebauter Fräse

Marshall M

Hersteller	Marshall Sons & Co - Lincolnshire (UK)		
Typ	Marshall M		
Zylinder	1	Hubraum	3706 cm³
Leistung	20 PS	Gewicht	1450 kg
Bauiahr	1939		

Der Typ M war die zweite Traktorgeneration des Hersteller Marshall, Sons & Co aus Lincolnshire UK. Man hatte sich entschieden keinen Glühkopftraktor zu bauen obwohl bei der Entwicklung die Lanz-Traktoren als Vorlage dienten.

Der liegende Einzylinder war ein Zweitakt Dieselmotor.

Interessant ist bei diesen Traktoren der Startvorgang. Glimmendes Zündpapier wird über den Luntenhalter in den Brennraum eingebracht. Dann wird der Dekompressionshebel betätigt damit sich im Zylinder kein Druck aufbauen kann. So ist das schwere Schwungrad mit dem Handhebel leichter anzudrehen. Am Dekompressionshebel kann eine Umdrehungszahl (z.B. 5) eingestellt werden. Nach fünf Umdrehungen des Schwungrades macht das Ventil automatisch zu und der Traktor springt an.

Spätere Traktoren wurden unter dem Namen Field Marshall vertrieben.

Links unten das Schwungrad, das auch zum Starten der Maschine benötigt wird

Der Marshall natürlich »all British«

Der Luntenhalter

Lanz HR9

Hersteller	Lanz - Mannheim (D)		
Typ	Lanz - HR9		
Zylinder	1	Hubraum	10.338 cm³
Leistung	55 PS	Gewicht	4.500 kg
Bauiahr	1941		

Über die Jahrzehnte konnte Lanz immer mehr Fahrzeuge im Transportgewerbe absetzen. Der große Eilbulldog war die Krönung der Lanz Zugfahrzeuge. 55 PS und eine Höchstgeschwindigkeit von 33 km/h sprachen für sich.

Als besonderer Komfort wurde eine geschlossene Kabine angeboten. Diese wurde aber von vielen Fahrern abgelehnt, da Motor- und Getriebegeräusche gefühlt noch lauter waren als bei der offenen Verdeck-Version.

Immer wieder wurde der Vorteil des Anhängertransportes gegenüber dem LKW Transport betont. Während der Anhänger beladen wird (früher meist von Hand) kann das Zugfahrzeug andere Fuhren erledigen. Und so ist der Bulldog den ganzen Tag im Einsatz ohne Be- oder Entladepausen.

Große Beliebtheit erfreute sich der Eil-Bulldog bei Schaustellern oder beim Zirkus. Die Maschinen waren meist mit einer schweren Winde am Heck ausgerüstet um Zelte oder Karusells aufzubauen. Der Eilbulldog HR 9 ist heute bei Sammlern ein gesuchter Traktor, ein Highlight und entsprechend teuer, sofern überhaupt einmal eine Maschine auf den Markt kommt.

Der Eilbulldog mit schwerem Anhänger ergibt das ideale Transportfahrzeug

Die offene Fahrerkabine

Nur ein Eiler mit Winde ist ein echter Eiler

Original Lanz-Winde

Kramer K30

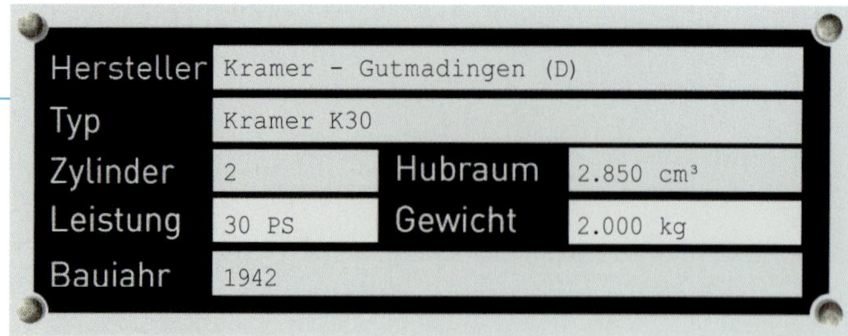

Über 80.000 verkaufte Traktoren, über 65 verschiedene Typen in ca. 40 Jahren (Kriegsjahre ausgenommen) - das war eine tolle Leistung aus dem Hause Kramer, ursprünglich im badischen Gutmadingen (siehe Foto).

In den Anfangsjahren ab 1925 wurden zunächst Grasmäher gebaut, ähnlich Fendt oder Hela. Kramer vollzog wie der zuvor genannte Wettbewerb alsbald den Wechsel zum echten Traktor.

Ab 1933 wurden dann die G-, später die ersten K-Modelle angeboten, mit dem bezeichnenden Namen »Allesschaffer«.

Der Schellplan (siehe Kapitel Güldner) forderte von Kramer die Entwicklung eines K22 (22 PS Motor) in Blockbauweise, von dem nur wenige gebaut wurden. Zu dieser Zeit experimentierte man auch mit 30 PS Güldnermotor und brachte 16 Maschinen K30 auf den Markt. Der hier gezeigte Traktor ist vermutlich der einzige überlebende. Er war zunächst bei der Reichswehr im Einsatz.

Für schwere Zugarbeiten wurde bei dieser Maschine eine zusätzliche Ölkühlung angebracht. Eine große zugkräftige Winde half bei allerlei Notfällen.

Nach dem Krieg war der Traktor viele Jahre ein treuer Helfer auf einem Bauernhof, bis er »eingemottet« wurde. Vor ca. 10 Jahren wurde er vom Museum wiederbelebt.

Den nicht einmal 100 gebauten K22 und K30 folgten die K25 in der Version Holzvergaser.

Das klassische Kramer-Emblem

Der Güldner Motor

Die Maschine mit extra Ölkühler vor dem normalen Motorkühler

Die schwere Winde

Werk Gutmadingen

Miag ID20

Hersteller	Miag AG - Braunschweig (D)		
Typ	Miag ID20		
Zylinder	2	Hubraum	2.120 cm³
Leistung	20 PS	Gewicht	1.660 kg
Bauiahr	1941		

MIAG steht für Mühlenbau und Industrie AG.

Durch Fusion von fünf eigenständigen Firmen entstand 1925 ein weltweit führender Mühlenbauer, der zeitweise über 7.000 Mitarbeiter beschäftigte.

1937 wurden Traktoren und Straßenzugmaschinen ins Produktionsprogramm aufgenommen. Ausgerüstet mit dem 2-Zylindermotor von MWM wurden u.a. der LD20, ein Traktor für Landwirtschaft, und der ID20, eine Straßenzugmaschine für die Industrie, angeboten. Die einfachste Ausführung des ID20 war die offene Kabine. Anspruchsvollere Fahrer bevorzugten die Einfach- oder Doppelkabine. Diese war insbesondere geeignet, alle nötigen Werkzeuge und Hilfsmittel beim Straßentransport aufzunehmen.

Apropos Straßentransport: die übliche Höchstgeschwindigkeit für derartige Zugmaschinen lag bei 20 km/h. Auf den Straßen ging es noch gemächlich vorwärts. Nur einige verrückte Automobilisten verunsicherten die Fußgänger, Pferdegespanne und Zugmaschinen.

Im Jahre 1952 stellte Miag die Produktion von Traktoren und Zugmacheinen ein.

Der Verkaufsprospekt mit beindruckender Grafik

Die Kabine war im Winter und bei Regen Komfort, im Sommer lästig (laut und heiß)

Zugmaschine ohne Türen

Lanz HN3

Hersteller	Lanz – Mannheim (D)		
Typ	Lanz – HN3		
Zylinder	1	Hubraum	4.767 cm³
Leistung	25 PS	Gewicht	2.600 kg
Bauiahr	1940		

Lanz Traktoren sind bei Sammlern sehr begehrt. Der Einzylindermotor mit 4,7 Liter oder 10,3 Liter Hubraum bei niedriger Drehzahl sorgt für ein ganz einzigartiges sonores »Motorentuckern«. Ein Lanz erkennt man an der Tonlage auf viele Kilometer ohne ihn zu sehen. Steht man vor dem Traktor, so hört man förmlich die Kraft des Motors.

Das Anlassen des Traktors mit Heizlampe und Lenkrad ist natürlich ein ganz besonderes Schauspiel auf allen Traktortreffen.

Ein weiterer Vorteil für Sammler ist die Unempfindlichkeit des Motors. Einen Lanz kann man über Jahre nicht in Betrieb haben und er wird sofort wieder anspringen als wäre man erst gestern gefahren.

Wie immer im Leben »Nachfrage regelt den Preis« und so sind Lanz Traktoren nicht gerade billig. Für einen großen Eilbulldog muss der Käufer schon einen sechsstelligen Betrag bereithalten. Solche Beträge locken natürlich Hersteller und Bastler, so dass sie heute auch einen kompletten Nachbau eines HL 12 oder eines Eilbulldogs kaufen können. Echte Sammler sind davon nicht begeistert. Sie bevorzugen unlackierte Traktoren mit Patina. Ein echter Sammler ist bereit für unlackierte Traktoren 20% und mehr zusätzlich auszugeben.

So sieht der Lanz mit Normalbereifung aus

Die Zwillingbereifung ist ein individueller Umbau

David Brown

Hersteller	David Brown Traktor Ltd' - Huddersfield (UK)		
Typ	Aircraft Towing Tractor		
Zylinder	4	Hubraum	2.500 cm³
Leistung	32 PS	Gewicht	1.685 kg
Bauiahr	1958		

David Brown und Harry Ferguson (Erfinder der 3-Punkt-Aufhängung) gründeten im Jahr 1936 die Ferguson Brown Ltd. um im Königreich gemeinsam Traktoren herzustellen. Der Erfolg des ersten Traktors der in UK und USA vermarktet wurde, war bescheiden. Das lag nicht zuletzt auch am Verkaufspreis.

Ein Ferguson Brown kostete 224 Pfund, ein Fordson jedoch nur 140 Pfund.

Nach nicht einmal drei Jahren trennten sich die beiden Traktorpioniere und David gründete 1939 seine eigene Firma ‚David Brown Traktor Ltd'.

Ein neuer Traktor VAK1 wurde erfolgreich auf den Markt gebracht, jedoch konnten die vielen Bestellungen angesichts des Zweiten Weltkrieges nicht ausgeliefert werden. David Brown baute jetzt hauptsächlich Industriezugmaschinen, insbesondere Zugschlepper Typ VIG 1AR oder besser Taskmaster genannt. Großabnehmer war die Royal Air Force (RAF).

Nach dem Krieg wurden neue landwirtschaftliche Traktoren entwickelt und eine verbesserte Variante, des »Aircraft Towing Tractors«, feierte ab 1952 bescheidenen Erfolg.

Einer der 456 hergestellten Maschinen der neuen Generation ist auf den Fotos abgebildet.

Mit Benzin- oder Dieselantrieb war die Höchstgeschwindigkeit 35 km/h. Nach Herstellerangaben konnten Flugzeuge mit einem Gewicht bis zu 43 Tonnen gezogen werden.

Kühlerfigur

Aufwändiges Armaturenbrett

David Brown Traktor für die Landwirtschaft

Die Katze hat festgestellt, dass die Kühlerfigur kein Vogel ist.

Anhängemaul für jede Deichselhöhe

Güldner A20

Hersteller	Güldner - Aschaffenburg (D)		
Typ	Güldner A20		
Zylinder	1	Hubraum	3.500 cm³
Leistung	20 PS	Gewicht	2.000 kg
Bauiahr	1940		

Der erste Traktor aus dem Hause Güldner, der A20, ist ein begehrtes Sammlerobjekt. Bei Traktortreffen erfreut er sich hoher Aufmerksamkeit, insbesondere beim Anlassen. Mit Zündhütchen im Luntenträger und einer kurzen Drehung an der Kurbel vorne, knattert (und raucht) er auch schon los.

Der leichte Bauernschlepper ist solide gebaut und äußerst zuverlässig, aber er kam zu spät auf den Markt. Güdner, ein Motorenbauer, hatte sich erst 1937 zum Serientraktorbau entschieden und nach Beginn des Zweiten Weltkrieges, oder auch schon geraume Zeit vorher, brach die Nachfrage ein und es gab immer mehr Produktionsbeschränkungen. Der von der Reichsregierung erlassene »Schellplan« sah eine Vereinheitlichung der Kraftfahrzeugindustrie vor. Für die Traktorhersteller bedeutete dies, nur noch bestimmte Modelle, in vorgeschriebener Menge und Verwendung von definierten Bauteilen, durften produziert werden. Der A30, das Nachfolgemodell zum A20, entsprach den Vorschriften, konnte jedoch nur 20 Mal abgesetzt werden.

Güldner gab nach dem Krieg mit der Produktion noch einmal richtig Gas und verkaufte bis zum Jahre 1969 über 100.000 Maschinen. Das Unternehmen war Teil des Lindekonzerns und im erwähnten Jahr 1969 wurde von Traktoren auf Flurförderfahrzeuge umgestellt. Die Linde Gabelstapler sind heute weltweit bekannt und waren zeitweise Weltmarktführer.

Güldner-Prospekt

Zündhütchen im Luntenträger

Luntenträger

Andrehen der Maschine

Lanz HR7

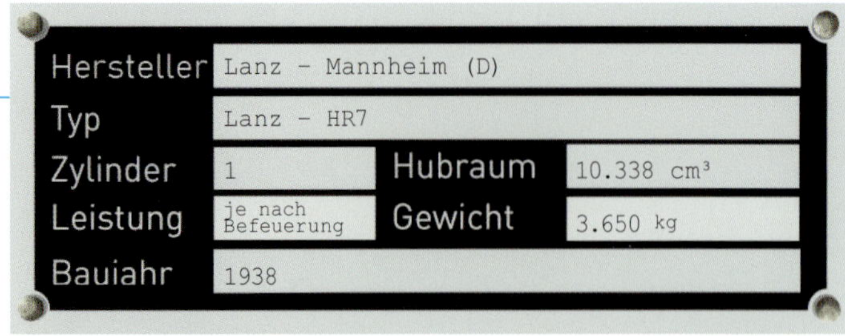

Bei Vergasung fester Stoffe, wie Kohle, Koks, Torf oder Holz erfolgt bei der Halbverbrennung eine Umwandlung in ein brennbares Gas. In Holzvergaseranlagen wird dieses Gas anstatt Benzin oder Diesel zum Antrieb von Fahrzeugen oder Maschinen genutzt.

In den späteren Kriegsjahren waren die klassischen Brennstoffe immer weniger verfügbar. So erfolgte in Deutschland im Juli 1942 folgender Erlass: »Ab 1. Juli diesen Jahres ist nur noch der Bau von Gasschleppern, sei es noch dem Otto der noch dem Dieselgasverfahren, für deutsche Landwirtschaft zugelassen«.

Alle noch existierenden Hersteller mussten von nun an Holzgasschlepper produzieren soweit sie überhaupt konnten. Viel Traktorbesitzer waren gezwungen ihre vorhandenen Traktoren stillzulegen oder umzubauen sofern sie die Mittel besaßen. Aber wie funktioniert so ein Holzgasschlepper??

Holzvergasertraktoren waren aufwändig im Handling. Zuerst musste im Kessel ein Feuer mit Holzkohle entzündet werden. War die Glut gut entfacht, mussten Holzschnipsel nachgeschüttet werden. Zum Anlassen des Traktors galt es die Kurbel des Anfachgebläses kräftig zu drehen. Nach zwei bis fünf Minuten konnte der Motor gestartet werden und musste dann noch einige Minuten »warm laufen«. Während der Fahrt galt es regelmäßig Holz nachzutanken. 2,0 bis 2,5 kg Holz entsprachen einem Liter Sprit. Nach der Fahrt musste aufwändig gereinigt werden, bei bestialischem Gestank. Aber schlussendlich war alles besser als keinen Schlepper im täglichen Gebrauch zu haben.

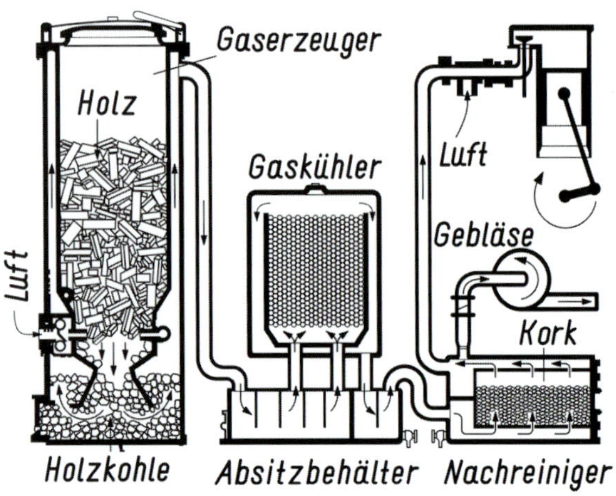

Funktionsschema des Holzvergasers

Zeitungswerbung für den Holzgastraktor

Der große Bulldog mit Holzvergaser-anlage ist heute sehr selten zu sehen

Hela L25

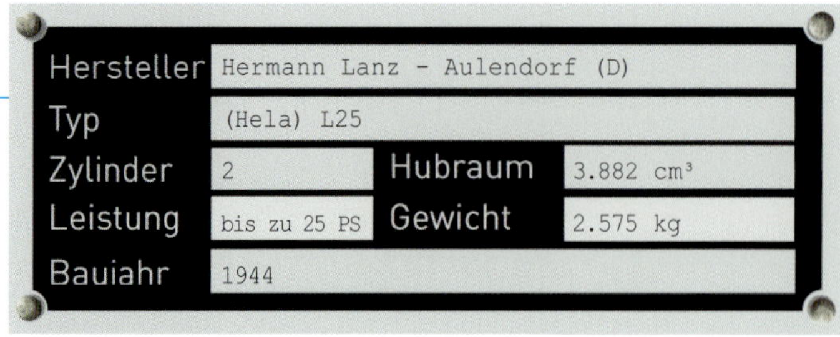

Die im Jahr 1942 erlassende Reichsverordnung erlaubte nur noch die Herstellung und den Betrieb von holzgasbetriebenen Schleppern.

Wollte ein Bauer einen Holz-Gas-Generator kaufen, war die Voraussetzung hierfür ein Bedarfsdeckungsschein. Dieser wurde nur an Landwirte ausgestellt, die die Bestätigung des zuständigen Forstmeisters hatten, dass entsprechendes Holz zur Verfügung stand. Darüber hinaus musste der künftige Betreiber eine einwöchige Ausbildung bei der DEULA absolvieren. Bei dieser Ausbildung wurde die richtige Handhabung des Gas-Generators geschult. Von den über 1.000 gebauten Holz-Gas-Traktoren wurde nach Kriegsende eine Vielzahl auf Diesel-Schlepper »rückgebaut«.

Wie funktionierte der Holzgasschlepper?

Natürlich gibt es eine Vielzahl von Verfahren und Herstellern. Der Vorgang ist physikalisch/chemisch komplex. Anhand des Schemas einer Imbert Anlage, kann der Vorgang stark vereinfacht wie folgt erklärt werden:

Im Gaserzeuger befindet sich im unteren Teil glühende Holzkohle, die dafür sorgt, dass das unmittelbar darüber liegende Holz durch die Hitze verschwelt, zu Holzkohle wird und dann nach unten durchfällt zur finalen Verbrennung. Frisches Holz rückt von oben nach. Bei diesem Prozess entstehen verschiedene brennbare Gase. Der Verbrennungsmotor saugt dieses Gasgemisch aus dem Gaserzeuger und verbrennt es unter Beimischung von Luft. So wie der klassische Verbrennungsmotor Benzin oder Diesel verbrennt. Das angesaugte Gas wird auf dem Weg zum Motor gereinigt und gekühlt. Die Leistung des Motors ist 20-35% geringer als mit Benzin/Diesel.

Ein Umbau vorhandener Traktoren von Diesel/Benzin auf Holzvergaser war möglich, jedoch relativ teuer. Dabei konnte die Mechanik des Motors unverändert übernommen werden.

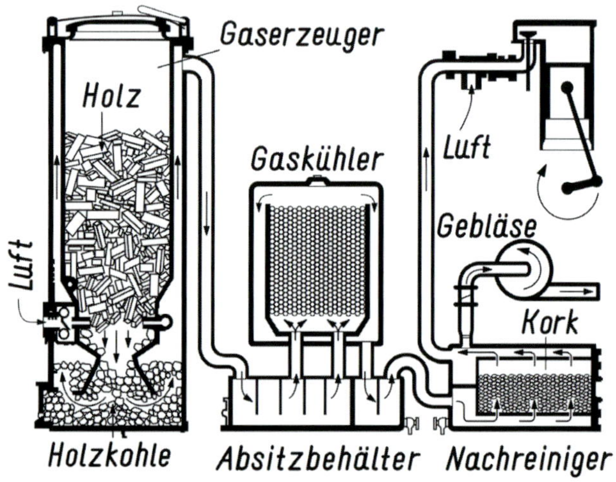

Das Prinzip des Holzvergasers

Lanz Aulendorf, nicht zu verwechseln mit Lanz Mannheim

Mühevoll wurden die Holzschnipsel vorbereitet

Der Hela beim Getreidemähen

Hanomag R40

Hersteller	Hanomag - Hannover (D)		
Typ	Hanomag R40		
Zylinder	4	Hubraum	5.195 cm³
Leistung	40 PS	Gewicht	3.200 kg
Bauiahr	1947		

Gem Schell Plan (siehe auch Güldner A20) durfte Hanomag einen 40 PS Schlepper bauen. Die Entwicklung des neuen Schleppers R40 zog sich bis 1942 hin. Ein schlechter Start, denn alsbald durften kriegsbedingt keine zivilen Geräte mehr gebaut werden. Erst ab 1945 mit Genehmigung der Britischen Besatzung nahm die Produktion Fahrt auf.

In der Nachkriegszeit wurden Traktoren oft als Straßenzugmaschinen eingesetzt. Viele Hersteller boten eine besser ausgestattete Variante, oft mit fester Kabine, für das Transportgewerbe an. So auch Hanomag (siehe Foto).

Das Fahrzeug hatte in der Regel Luftbereifung, wurde aber als Typ B und G auch noch mit Eisenbereifung aufgrund von Mangelwirtschaft angeboten. Der Motor war bei fast allen Hanomag seit 1931 der bewährte D52, ein äußerst zuverlässiger Antrieb. Deshalb fand der R40 bis zum Jahr 1951 über 12.000 Käufer.

Beliebtester Spruch zu dieser Zeit: Hast du eine Mark im Sack kauf dir einen Hanomag.

Maschine in toller Patina

Ein Prototyp mit geschlossener Kabine im Werk

Riementrieb hinten

Der R40 Prospekt

Eckert

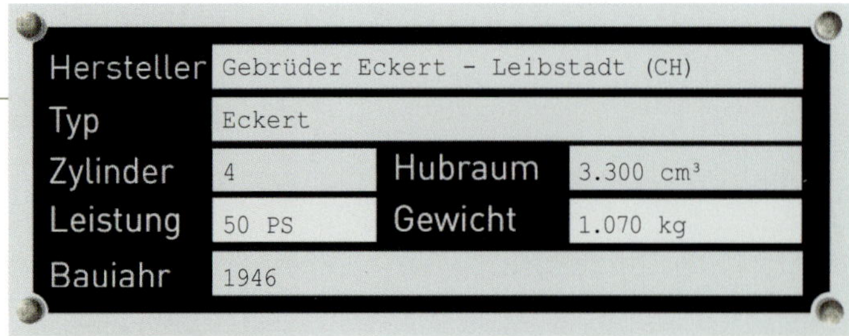

Viele Schweizer Traktorhersteller entstanden aus Schmieden oder Metallwerkstätten, aus Schlossereien oder einfach durch Bastler und Landwirte mit eigenen Ideen.

So auch die Gebrüder Josef und Emil Eckert aus Leibstadt nahe der deutschen Grenze. Sie fertigten Ofengestelle, Jauchepumpen und vieles mehr (siehe Anzeige). Ab 1935 wurden die ersten Traktoren gebaut, oft mit Teilen aus alten Ford PKWs. War es zunächst mehr ein Basteln, so wurden später auch zwei bis drei Traktoren mit fast gleichem Aussehen gebaut. Also eine echte Kleinserienproduktion.

Eckert modifizierte eine ansehnliche Anzahl von Hürlimann 1-Zylinder-Traktoren (siehe Hürliman 1K10), die er mit Ford Motoren zu einem »großen« Traktor aufrüstete, so wie das hier abgebildete Modell.

Um 1948 wurde die eigene Produktion eingestellt, zugunsten des Vertriebs von Bührer Traktoren.

Das Hinterteil unverkennbar von Hürlimann

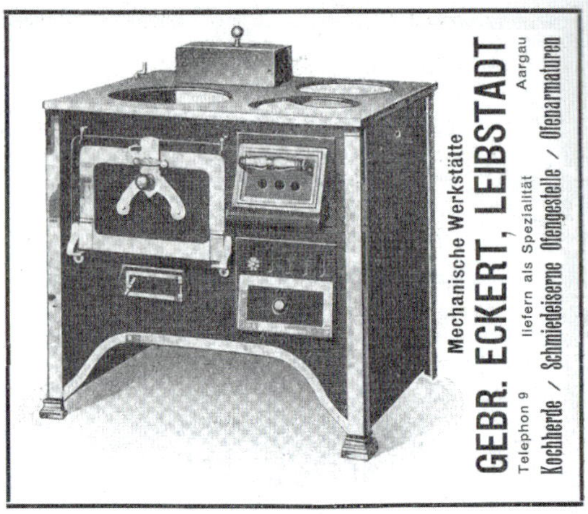

Zeitungsausschnitt mit Werbung der Gebrüder Eckert

Hinten Hürlimann, vorne Fordmotor

Motor:
SHELL
Getriebe: GEAR-SHELL GETRIEBEOEL
Hans Hürlimann
Wil/St.G.
Beim Mähen Kurbellager
alle 30 Minuten oelen.
Patente

Meili P33

Hersteller	Meili - Schaffhausen/Schübelbach (CH)		
Typ	Meili P33		
Zylinder	4	Hubraum	2.200 cm^3
Leistung	35 PS	Gewicht	1.250 kg
Bauiahr	1949		

Die E. Meili Traktorfabrik gehörte mit über 7.000 produzierten Einheiten zu den großen Traktorherstellern in der Schweiz. Die ganze Geschichte dieses Unternehmens könnte mehrere Bücher füllen, denn das Unternehmen war äußerst innovativ. Mit knapp über 20 Jahren begann Ernst Meili die ersten ausrangierten PKW's zu Traktoren umzubauen. Dazu wurde meist ein zusätzliches Zwischengetriebe eingebaut und eine alte LKW-Hinterachse. Aber bald schon baute Meili eigene Traktoren, zum Beispiel mit Crysler, oder Cadillac Motoren, später mit Mägerle, Ford, ja selbst mit dem 4-Zylinder Käfermotor.

Meili baute und vertrieb auch LKW's, Flughafenschlepper, Industriezugmaschinen, Schwimmfahrzeuge, Pistenbullis, ja selbst einen Hubschrauber (Problem war, »niemand aus der Firma wollte den ersten Testflug wagen«).

Der hier gezeigte Meili P33 war ein gefälliger funktionaler Traktor mit allen Anbau- und Optionswünschen, die man sich denken konnte. Der Antrieb erfolgte über einen 4-Zylinder-Benzinmotor.

In der Schweiz wurden bis dato fast alle Traktoren mit Benzinmotoren angetrieben. Erst im Laufe der 60er Jahre kamen mehr und mehr Dieseltraktoren auf den Markt.

das Mähwerk

Der Meili mit Kipphänger

Kein Zweifel, der Meili ist gut

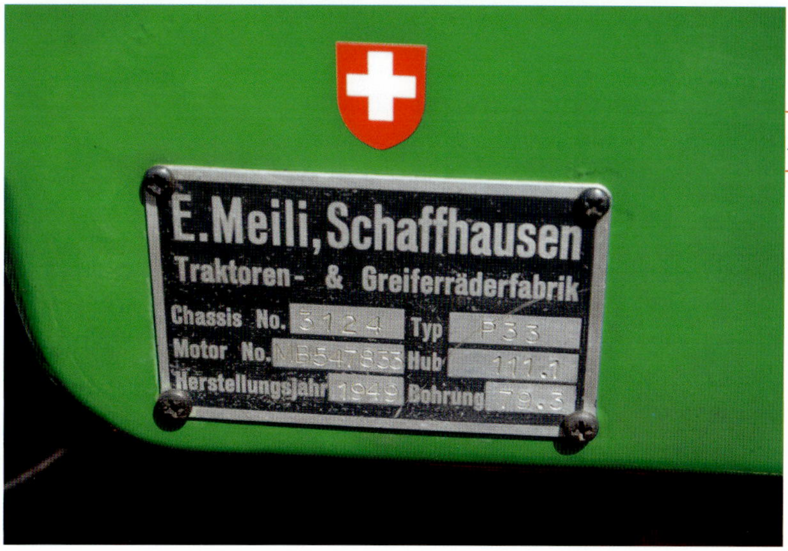

Das Typenschild mit Angabe der Bohrung 79.3 mm und Hub 111.1 mm

Allgaier R18

Hersteller	Allgaier - Uhingen (D)		
Typ	Allgaier R18		
Zylinder	1	Hubraum	1.840 cm³
Leistung	18 PS	Gewicht	1.700 kg
Baujahr	1947		

Wie so viele Unternehmen versuchten sich auch die Allgaier Werke aus dem schwäbischen Uhingen im Traktorbau.

Allgaier war ein mittelständischer Blechverarbeiter und so wurden diverse Teile aus gekanntetem Blech für den neuen Schlepper geplant. Der tragende Rahmen zum Beispiel auf dem der selbstentwickelte Verdampfermotor verschraubt war ist eine gekanntete Blechkonstruktion. Auch die Vorderachse war aus gekanntetem Blech und war ebenso wie Getriebe, Hinterachse und Differential am Zentralrahmen aufgehängt. Die Kraftübertragung vom Motor erfolgte mit Keilriemen.

Die Maschine war einfach und preisgünstig aufgebaut, ohne Motorverkleidung, ohne Anlasser, aber wie sich bald herausstellte ein äußerst zuverlässiger Traktor.

Die ersten ca. 1.000 Maschinen hatten einen eckigen Wasserkasten, wie diese Maschine mit der Serie Nr. 9

Einer der ersten Allgaier mit Fahrgestell-Nummer 9

Der erste Prospekt für den Allgaier R18

Foto aus den Anfangszeiten des Schlepperbaus bei Allgaier

R18 mit Winde sehr selten

Ritscher 320

Hersteller	Karl Ritscher GmbH - Hamburg-Moorburg (D)		
Typ	Ritscher 320		
Zylinder	2	Hubraum	2.356 cm³
Leistung	22 PS	Gewicht	1.440 kg
Bauiahr	1948		

Die Firma Ritscher Moorburg war bereits in den 30er Jahren unter der Bezeichnung MTW »Moorburger Treckerwerke« mit einem Kettenfahrzeug auf dem Markt. Im Jahr 1936 erschien dann der erste Dreiradschlepper, den Karl Ritscher entwickelt hatte, geprägt von seinen Erfahrungen bei Besuchen in den Vereinigten Staaten. Das Modell Typ »N« hatte einen Einzylinder Kämper-Motor mit 12 PS, der einige Jahre später durch einen 14 PS Motor ersetzt wurde.

Die Lenkstange reicht über den Motor und den Kühler bis zum Winkelgetriebe

Das Unternehmen Ritscher war aber auch bekannt für seine Anbauketten und Grabenfräsen, die in großen Stückzahlen verkauft wurden.

Während des Krieges 1942 war das Unternehmen zu einem Produktionsstopp gezwungen, startete aber nach dem Krieg 1946 wieder mit seinem bekannten Dreiradschlepper, jetzt mit dem Typ 320 hier dargestellt. Es war ein wendiger, preiswerter Traktor mit Zweizylindermotor und 22 PS. Dieses Gerät wurde bereits während der Kriegszeit konstruiert und war eine Weiterentwicklung der Vorläufertypen »N14« und »N20« mit einem Vierganggetriebe.

Obwohl dieser Schlepper ideal geeignet war für die Hackfrucht- und Pflegearbeiten in Reihenkulturen, hatte er jedoch deutliche Nachteile, z.B. beim Pflügen, so dass Ritscher 1949 auf den Vierradschlepper umstellte. Ende der 50er Jahre kam durch den verstärkten Wettbewerb das Ende dieses traditionsreichen Unternehmens.

Prospekt für den Ritscher 3-Rad-Traktor

Zugmaschine mit Einachshänger

Lindner S14

Hersteller	Lindner - Kundl (AT)		
Typ	Lindner S14		
Zylinder	1	Hubraum	1.500 cm³
Leistung	14 PS	Gewicht	1.095 kg
Bauiahr	1949		

Vier bis fünf große Traktorhersteller dominieren den Weltmarkt heutzutage. Es gibt aber auch einige kleine Hersteller, oft in einer Marktnische.

Die österreichische Lindner GmbH ist auch heute noch erfolgreich in Familienbesitz. Bereits 1948 wurde von Hermann Lindner dieser erste Traktor S14 auf den Markt gebracht, mit Warchalowski Verdampfermotor und serienmäßiger Winde. Das besondere Antriebskonzept ist folgendermaßen aufgebaut: das Getriebe sitzt seitlich über der Hinterachse auf Sitzhöhe des Fahrers und wird mit Keilriemen angetrieben. In der Verlängerung von Kupplung und Getriebe sitzt die Seilwinde. Die Kraftübertragung auf die Achsen erfolgt per Kette nach unten. Der Traktor war die ideale Maschine für Wiese, Feld und Wald. Ein echter Bergtraktor mit niedrigem Schwerpunkt.

1953 überraschte Lindner die Kundschaft mit dem ersten Allradantrieb-Traktor. Es war der Grundstein für die weitere erfolgreiche Entwicklung des Unternehmens.

Lindner ist auch heute noch innovativ und stellte zum Beispiel 2017 die mitlenkende Hinterachse oder den Prototyp für autonomes Fahren vor.

Über 70.000 Traktoren wurden in Österreich und ganz Europa bisher verkauft.

Der Lindner Traktor mit Kompressor für die Bauindustrie

Der Warchalowski Motor

Die clevere Lösung für den Windeneinbau

Demonstration der Vielseitigkeit
bei einer »Lindnershow«

Lanz 1506

Hersteller	Lanz 1506 - Mannheim (D)		
Typ	Lanz 1506		
Zylinder	1	Hubraum	10.338 cm³
Leistung	55 PS	Gewicht	3.500 kg
Bauiahr	1938		

Da der Einsatz des Holzvergasers kostengünstig aber äußerst mühsam war, wurden nach dem Zweiten Weltkrieg fast alle Holzvergasermaschinen rückgebaut. D.h. die Vergaseranlagen wurden abgebaut und alle notwendigen Veränderungen durchgeführt um die Maschinen wieder mit Diesel oder Benzin zu betreiben.

Für die Landwirte war die Rückkehr zum »Normalbetrieb« eine Erlösung. Die Holzvergaser-Traktoren mussten abends aufwendig gereinigt werden, eine äußerst schmutzige Arbeit bei infernalischem Gestank. Die Traktoren waren durch ihre Bauweise sehr unhandlich und hatten geringere Leistung. Als die Wirtschaft nach dem Zweiten Weltkrieg langsam wieder in Gang kam, hielten sich viele Traktorhersteller mit Rückbauarbeiten an Traktoren zunächst über Wasser. So auch die Firma Lanz, deren Gebäude zum größten Teil in Schutt und Asche lagen.

Der Bulldog mit Gulaschkanone

In der Mangelwirtschaft der Kriegszeit wurde oft auf Stahlräder zurückgegriffen

Ein Plakat von Lanz betont den weltweit möglichen Einsatz des Bulldogs

Zwei Behälter der Gulaschkanone. Unter den Behältern am Boden wurde Feuer gemacht.

Svoboda – DK12

Hersteller	Svoboda - Kosmonosy-Motor (CZ)		
Typ	Svoboda DK12		
Zylinder	1	Hubraum	1.730 cm³
Leistung	12 PS	Gewicht	1.150 kg
Bauiahr	1940		

Svoboda Kosmonosy Motor wurde in den 20er Jahren in Tschechien, nahe Jungbunzlan nordöstlich von Prag gegründet.

Zunächst wollte man Verbrennungs- und Elektromotoren entwickeln, aber bereits 1934 stellte das Unternehmen auf der Nationalen Landwirtschaftsausstellung den ersten Traktor vor. Es wurden zunächst 3-Rädrige Traktoren gebaut DK5 und DK7. Der DK10 wurde 1939 überarbeitet zu DK12, dem hier gezeigten Erfolgsmodell.

Laut Prospekt »der billigste Arbeiter der Landwirtschaft«

Svoboda hatte bei allen Traktorentwicklungen ein Ziel: möglichst einfache Konstruktion, einfache Handhabung, kostengünstigste Produktion. Der DK12 ist ein gelungenes Exemplar für diese Zielsetzung. Ein Beispiel für das innovativ kostengünstige Design ist die Fußbremse. Das Pedal überträgt den Fußdruck auf ein Schleifband. Dieses bremst das Rad einer Getriebewelle. Die Bremswirkung ist sicher nicht berauschend. Dennoch war der DK12 immer ein zuverlässiges unkompliziertes Zugpferd.

1949 wurde das Unternehmen verstaatlicht. Die Traktorproduktion wurde eingestellt.

Spartanisch, einfach - das Entwicklungsziel ist unverkennbar

So funktioniert die Getriebebremse

Der Prospekt zeigt die vielen Einsatzmöglichkeiten

Svoboda Diesel-kar IN DER LANDWIRTSCHAFT

der billigste und ausdauerndste Arbeiter, welcher nicht nur alle Maschinen, wie z. B. Putz-Dreschmaschinen, Häckselmaschinen, Schrotmühlen u. ä. betreibt, sondern auch das Gespann ersetzt.
Er zieht den Pflug, die Egge, die Walze, den Kultivator, die Sämaschine, die Gras- und Getreidemähmaschine, außerdem alle Wagen mit Lasten sowohl auf dem Felde, als auch auf der Straße.
SVOBODA-DIESEL-KAR wird in einigen geeigneten Stärken erzeugt, sodaß es möglich ist, ihn überall zu verwenden, in kleinen, wie auch in großen Landwirtschaften.
Der Betrieb mit dem SVOBODA-DIESEL-KAR ist sehr billig, denn der Verbrauch an Rohöl per 1 HP und Stunde stellt sich nur auf 36 Heller bei voller Belastung.
Von der Straßensteuer und anderen Gebühren ist er befreit. Eine Chauffeurprüfung ist nicht erforderlich.

SVOBODA DIESEL-KAR
verrichtet alle diese Arbeiten am billigsten.

Zanker M1

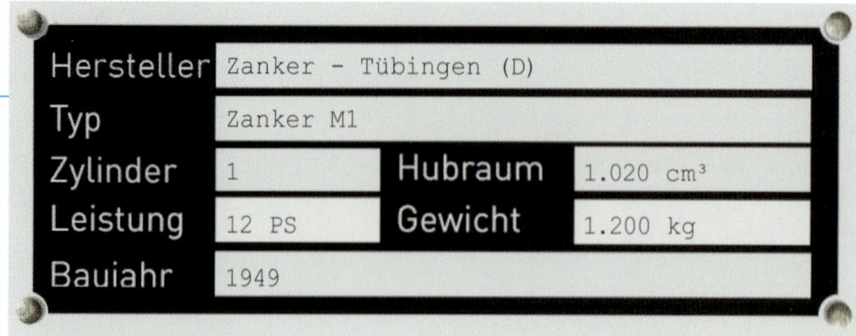

Die Firma Zanker, ursprünglich »Herman Zanker Maschinen und Metallwarenfabrik zu Tübingen«, war in den 30er Jahren bekannt für Qualitätsprodukte, insbesondere Waschmaschinen. In den Kriegsjahren wurde Zanker zum Komponentenlieferant für verschiedene Unternehmen wie zum Beispiel Miag. Vermutlich resultierte aus dieser Zeit Ende der 40er Jahre die Idee, einen eigenen 1-Liter-Dieselmotor zu entwickeln und im Jahre 1949 einen kompletten Traktor Typ M1. Mit einem Verkaufspreis von 6.270 DM war die Maschine sehr teuer, gab es doch vergleichbare Wettbewerbsprodukte für ca. 4.500 DM.

Bereits nach kurzer Zeit wurden alle Rechte am Traktor an die Firma Josef Bautz AG verkauft. Noch bis 1951 wurde der Bautz B14AS, wie die Typenbezeichnung fortan lautet, bei Zanker im Auftrag von Bautz produziert. Insgesamt ca. 100 Traktoren.

Das schöne Profil der Motorhaube war Erkennungszeichen der Zanker Traktoren

Unverkennbar, dieser Traktor hat schon viel gearbeitet.

Ein Traktor, der noch im Dienst ist, zumindest gelegentlich.

Der Traktor mit der Waschmaschine in der Werbung

Fendt F22

Hersteller	Fendt - Marktoberdorf (D)		
Typ	Fendt - F22		
Zylinder	2	Hubraum	2.199 cm³
Leistung	22 PS	Gewicht	1.555 kg
Bauiahr	1939		

Als Fendt Marktoberdorf 1938 den Typ F22 auf den Markt brachte, sprachen viele von einem Quantensprung in der Entwicklung. Den Vorgänger F18 im Auge, war der F22 wirklich eine absolute Neuheit im Stil der Traktoren der nächsten 20 Jahre.

Der Antrieb erfolgt beim F22 über einen stehenden 2-Zylinder von Deutz und ist tragendes Element. Es gibt also keinen Fahrzeugrahmen mehr. Der Traktor zeichnet sich durch den »autoähnlichen« Kühler aus, hat eine Motorhaube und hintere Kotflügel.

Es war die Epoche der Anhängemähdrescher und der F22 verfügte über eine fahrunabhängige lastschaltbare Zapfwelle. Damit konnte der Mähdrescher beliebig zu- oder abgeschaltet werden - ein großer Vorteil im täglichen Einsatz. Zuvor konnte nur bei Stillstand die Zapfwelle zu- oder abgeschaltet werden. Ein Probelauf oder Einstellarbeiten im Stand waren nicht möglich.

Im Jahr 1938 wurden in Deutschland 22.654 Schlepper neu zugelassen. Fendt hatte durch den neuen F22 vor allem in Bayern viel Erfolg und einen beträchtlichen Marktanteil. Kriegsbedingt musste 1942 auf Holzgastraktoren umgestellt werden.

Nach dem Krieg wurden bis zum Jahr 1949 noch einmal über 1.000 F22 gebaut.

Das Mähwerk darf nicht fehlen

Moderne Werbung für das Dieselross

Hier sind ältere und neuere Technik bei der Ernte im Einsatz

Lanz HR 7

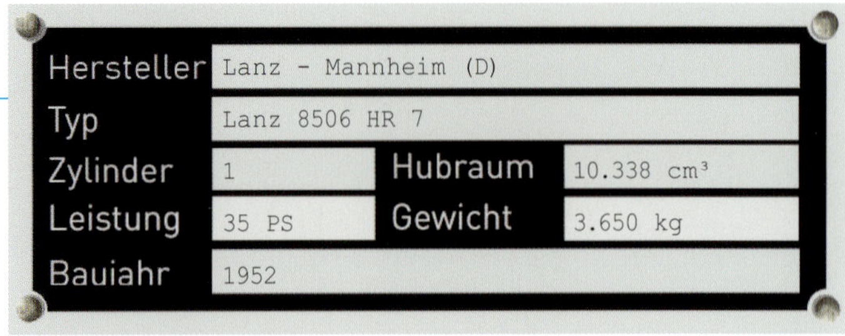

Nach dem Zweiten Weltkrieg musste die Firma Lanz zuerst die Fabrik wieder aufbauen (85% waren durch Bomber zerstört). Zunächst hielt man sich mit Reparaturarbeiten und Holzvergaserrückbauten über Wasser. Aber bereits 1946 wurden wieder 399 neugefertigte Bulldogs ausgeliefert. Dennoch eine verschwindende Anzahl wenn man bedenkt, dass 1939 noch 15.000 Maschinen verkauft wurden. In der Nachkriegszeit wurden überwiegend die 20 und 25 PS Maschinen aus der Landwirtschaft nachgefragt. Investitionen im Transportgewerbe waren minimal. Der Bulldog war nicht mehr in dem Maße wie früher gefragt.

Lanz blieb dennoch der bewährten Technik (Zweitakt-Einzylindermotor, liegend) treu. Auch in den 50erJahren hieß es immer noch. »Ein Bulldog macht fünf Fahrer fertig, fünf Fahrer jedoch nie ein Bulldog«.

Werbung aus Neuseeland 1953

Der einfache Aufbau des 1-Zylindermotors

Ein echter Nachkriegslanz, allerding technisch überkommen

Manchmal wird es auch für einen Lanz zu viel

Kögel K15MZ

Die Kögel GmbH & Co. KG ist heute ein Hersteller von LKW Trailern und Zubehör aus Bayern. Ein Blick zurück zeigt, dass das Unternehmen früher auch Baumaschinen und Traktoren herstellte. Von 1949 bis 1954 wurden diverse Fahrzeugtypen angeboten, die in München, in der Nyphenburger Straße, montiert wurden.

Der K15 war zunächst der kleinste Kögel Traktor mit MWM Motor. Die Maschine war standardmäßig gut ausgestattet mit Differentialsperre, großer Ackerschiene, Getriebezapfwelle, Mähantrieb, Riemenscheibe und 12 Volt-Lichtanlage.

Einen großen Erfolg konnte Kögel mit Traktoren nicht erzielen. 1950 wurden ganze 210 Traktoren zugelassen (Deutz 6257). Was lag da näher, als nach nur fünf Jahren den Traktor wieder aufzugeben, zugunsten anderer Produkte.

Prospekt des Kögel-Schleppers

Markenzeichen von Kögel, die vorne geschwungene Kühlermaske

Fahrzeug während der Restauration

Trittbretter zwischen den Kotflügeln

FERGUSON TEF

Hersteller	Ferguson Standard Motor Company - Coventry (UK)		
Typ	Ferguson TEF		
Zylinder	4	Hubraum	2.092 cm³
Leistung	25 PS	Gewicht	2.0000 kg
Bauiahr	1954		

Harry Ferguson erhielt 1926 ein Patent auf die von ihm entwickelte hydraulische 3-Punkt-Aufhängung für Ackergeräte. Ferguson produzierte zu dieser Zeit bereits eigene Traktoren, zum Beispiel dem Unternehmen Coventy Climax, später mit David Brown.

Im Jahre 1938 zeigte er sein Patent Henry Ford auf dessen Ranch und spontan beschlossen beide per Handschlag künftig den Ford Ferguson Traktor zu bauen. Die Maschine war für 585 Dollar zu haben - ein echter Verkaufsschlager.

Die Freundschaft zerbrach 1945 und Ferguson ging zurück nach Irland. Ein langer Rechtsstreit folgte und jetzt produzierte die Standard Motor Company in Coventry die Ferguson Traktoren.

1953 fusioniert Ferguson sein Unternehmen mit Massey Harris zu Massey Ferguson.

Die Vorteile der 3-Punkt-Aufhängung in wenigen Worten: Einhalten der gleichmäßigen Arbeitstiefe, einfaches An- und Abkoppeln, bei Hindernissen reißt der Pflug nicht den Traktor nach oben, sondern der Pflug weicht aus, bei stärkerem Widerstand wird die Hinterachse zusätzlich belastet, dies ergibt weniger Schlupf. Ein wahrer Meilenstein der Traktorgeschichte.

Das Ferguson System

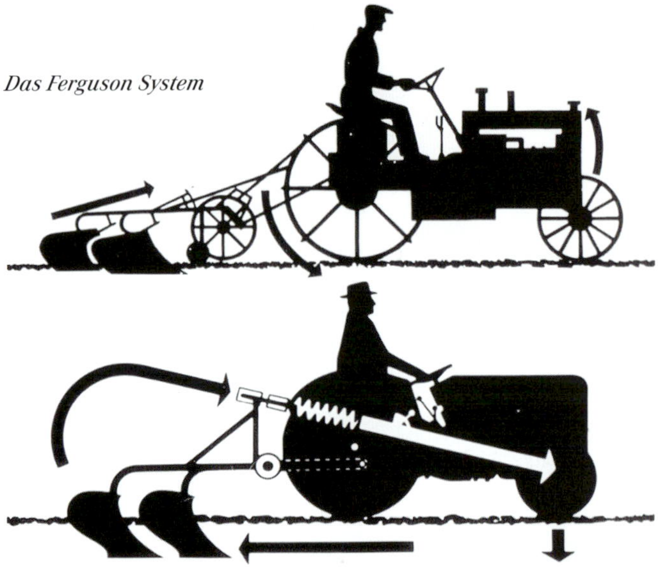

Harry Ferguson bei einer Vorführung in frühen Jahren

Allgaier R18

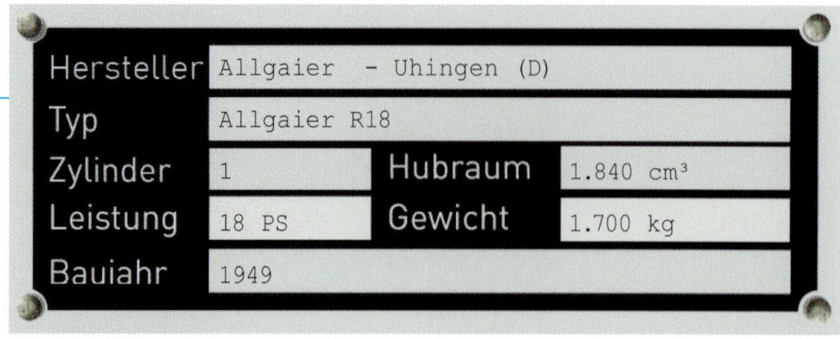

Waren die ersten Allgaier Traktoren noch mit eckigen Wasserkästen bestückt (siehe Allgaier R18), so wurden sie später rund, wie bei diesem Modell ersichtlich. In den Jahren nach 1950 wurden die Traktoren dann mit Haube ausgeliefert.

Ab 1949 gab es auch ein R22 mit größerer Bereifung und 22 PS (R=robust, 22 für 22 PS). Das Zubehörangebot wurde ständig erweitert: Beregnungspumpe, Seilwinde, Feuerlöschpumpe, Schneeschild, Kehrbesen, Ansteckraupen.

Der Allgaier Schlepper fand schnell seine Fangemeinde. Mitte 1951 wurde bereits die 10.000 Maschine ausgeliefert, ein gigantischer Erfolg nach nur vier Jahren seit Serienstart.

Ein Allgaier R22 mit Bereifung (8-20) kostete im Jahr 1952 7.415 DM, im Vergleich zu Fahr D20 (8.815 DM) und Lanz 3506 (8.937 DM).

Allgaier mit Motorhaube

Die restaurierte Maschine mit Motorverkleidung war bis zuletzt regelmäßig im Einsatz

Der Motor jetzt mit abgerundetem Wasserkasten

Deutz F1L 514

Hersteller	Deutz - Köln (D)		
Typ	Deutz F1L 514		
Zylinder	1	Hubraum	1.330 cm³
Leistung	15 PS	Gewicht	1.280 kg
Bauiahr	1951		

Während dem Krieg wurde ein Großteil der Fabrikhallen zerstört. Der Neuanfang war für Deutz schwierig. Noch während des Krieges hatte das Militär Deutz bei der Entwicklung luftgekühlter Motoren unterstützt. Für einen richtigen Neustart sah Deutz seine Chance im Einsatz luftgekühlter Motoren in der Landwirtschaft. Die Bauern nutzten in der Regel normales Wasser für den Kühlkreislauf, das im Winter über Nacht, oder bei längerem Stillstand abgelassen werden musste. Oft war der Frost früher oder schneller als der Bauer. Deshalb sieht man häufig Oldtimertraktoren mit geschweißtem Motor. Der 15er Deutz (da 15 PS) kannte dieses Problem nicht. Die Luftkühlung mit Gebläse und Motorverkleidung zur Luftführung sorgte für ausreichende Kühlung des 1-Zylinders. Es war der Anfang einer ganzen Baureihe mit 1-, 2-, 3- oder 4-Zylindermotor luftgekühlt (15-60 PS). In den Folgejahren wurde der F1L 514 auch mit Kraftheber und mit Motorzapfwelle angeboten. Letztere ermöglichte dem Fahrer zu stoppen oder Gänge zu wechseln, ohne die Zapfwelle abzuschalten. Wurde der Traktor in schwierigen, steilen oder rutschigem Gelände genutzt, waren Anbauketten anstatt der Hinterräder hilfreich.

Der »Knubbel«, wie er oft genannt wurde, war ein sehr erfolgreiches Model. Es wurde in sieben Jahren über 36.000 Mal verkauft.

Lesen Sie mehr über Deutz beim D9005.

Werbeschild/-plakat der 50er Jahre

Der Deutz im Schnittbild

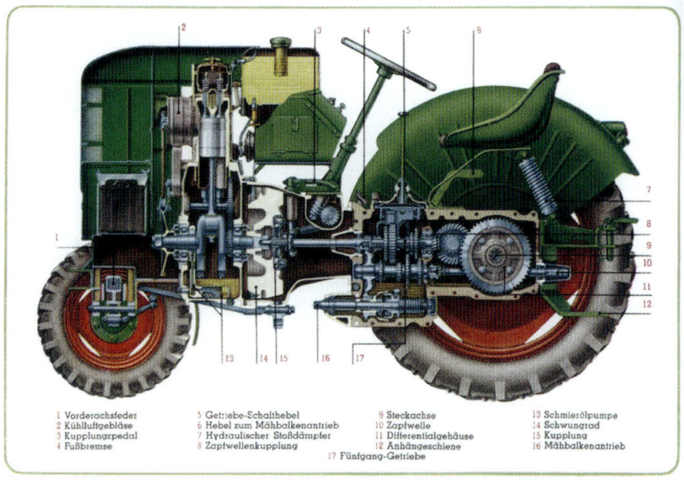

Die Halbketten waren vor allem in schwierigem Gelände von Vorteil

Der Deutz mit Mähbinder

Unimog 2010

Hersteller	Mercedes Benz - Gaggenau (D)		
Typ	Unimog 2010		
Zylinder	4	Hubraum	1.767 cm³
Leistung	25 PS	Gewicht	3.150 kg
Bauiahr	1953		

Die ersten sechs Unimogs wurden in der Gold- und Silberwarenfabrik Erhard & Söhne in Schwäbisch Gmünd gebaut. 1946 interessierte sich kein Traktor- oder LKW-Hersteller für die Entwicklung des Konstrukteurs Albert Friedrich.

Nach Erprobung wurde die Serienproduktion bei Boehringer Göppingen, in die Wege geleitet. Von 1948 - 1950 wurden 600 Fahrzeuge mit dem berühmten Ochsenkopf als Emblem ausgeliefert. Auch für den branchenfremden Werkzeugmaschinenbauer Boehringer wurde die immer größere Nachfrage zum Problem, und so entschied man sich das ganze Know-How an Mercedes zu verkaufen.

Ab 1953 hatte der Unimog neben dem Ochsenkopf den Stern. Das Fahrzeug wurde kontinuierlich weiterentwickelt und erhielt jetzt die Bezeichnung U 2010.

Das Universal Motorgerät, kurz Unimog, wurde aber nicht nur in der Landwirtschaft eingesetzt, sondern auch im Transportgewerbe (Höchstgeschwindigkeit 50 km/h). In verschiedenen europäischen Ländern schätzte das Militär die Universalität, die hohe Bodenfreiheit und die Geländegängigkeit, dank Allradantrieb.

Allein das Schweizer Militär erwarb 540 Unimog 2010 (siehe Fotos) und nannte den Mercedes aus Gaggenau »Dieseli«.

Der Urunimog mit dem Ochsenkopf

Das enge Fahrerhaus ist nicht für große Kerle

Erster Unimog für die Schweizer Armee, das Dieseli

Eicher EKL 15/II

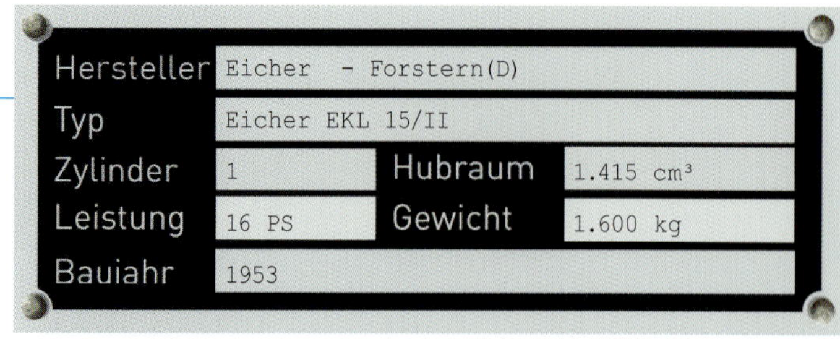

Noch vor dem Zweiten Weltkrieg im Jahre 1936 bauten die Gebrüder Eicher ihren ersten Dieseltraktor. Nach dem Krieg 1948 und in den folgenden Jahren brachte Eicher verschiedene Traktoren auf den Markt. So war zum Beispiel der ED1 der erste luftgekühlte Dieseltraktor.

Das Unternehmen war in den folgenden Jahrzehnten sehr erfolgreich. Neue Modelle wie der Panther, Tiger oder Eicher Königtiger fanden überall ihre Liebhaber.

1963 wurden bereits die ersten Allradversionen, zum Beispiel der Eicher Mammut II oder der Eicher Königstiger vorgestellt. Es war die Blütezeit des Unternehmens. In den 70er Jahren übernahm Massey Ferguson nach und nach Anteile an Eicher, die sie aber 1982 nach Indien verkauften.

Die Eicherproduktion in Deutschland schrumpfte Zunehmens, bis 1989 endgültig Schluss war.

Der hier gezeigte EKL 15/II wurde von 1953 bis 1958 gebaut. Er hieß zwar 15, hatte aber 16 PS und die Exportbezeichnung lautete E17. Das L stand normal für luftgekühlter Fremdmotor. Es war jedoch der Eicher Motor ED1a verbaut. Trotz allem Kauderwelsch in der Typenbezeichnung wurden über 10.000 Maschinen verkauft.

Der Eicher luftgekühlt

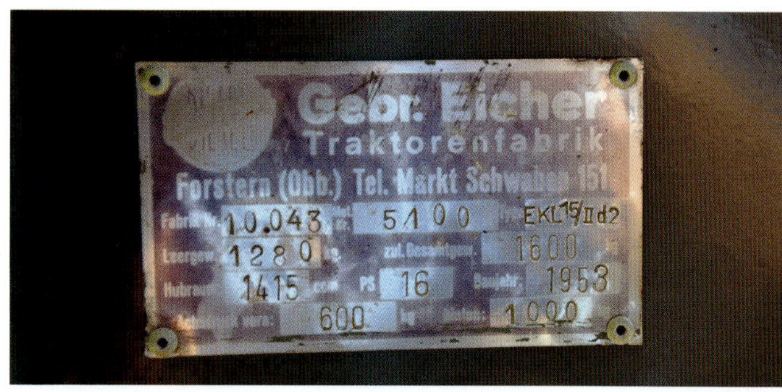

Das originale Typenschild

Unten: Werkzeugkasten natürlich verschlossen

Ein schöner Eicher vom Bodensee

Willys Overland CJ 3A Fahrbare Säge

Hersteller	Willys Overland (USA)		
Typ	CJ 3A / Säge		
Zylinder	1	Hubraum	660 cm³
Leistung	10 PS	Gewicht	1570 kg
Bauiahr	1949		

Die US-Streitkräfte hatten während des Zweiten Weltkrieges mehrere 1.000 Willy's Jeeps in Europa zum Einsatz gebracht. Nach Kriegsende waren viele Fahrzeuge defekt oder verschlissen. Die Armee transportierte nur einen Bruchteil dieser Fahrzeuge nach Kriegsende zurück nach Amerika, da der Transport in vielen Fällen unrentabel war.

Im ausgebombten Deutschland wurden diese Fahrzeuge gerne angenommen, zur unveränderten Nutzung als PKW oder Zugmaschine. Viele wurden vor allem für die landwirtschaftliche Nutzung umgebaut oder, wie in diesem Fall, mit Sonderaufbau Bandsäge versehen. Das robuste Fahrwerk und der gesamte Aufbau des Fahrzeugs erlaubten dem erfahrenen Bastler skurrilste Varianten. Kopfschmerzen bereitete vielen Jeep Nutzern der spritfressende nimmersatte Motor. Deshalb wurde oft, wie auch in diesem Fahrzeug, ein anderer Motor, in diesem Fall ein 1-Zylinder Hatz, eingebaut. Der Aufbau auf der Motorhaube war nötig, da der neue Motor nicht unter die Haube passte.

Dieses Fahrzeug diente bis Mitte der 60er Jahre einem Lohnsäger, der damit von Haus zu Haus zog. Im Nachkriegsdeutschland war der Holzofen immer noch erste Heizquelle.

Gustav Schneider - der Lohnsäger

Das Fahrerhaus mit leichten Gebrauchsspuren

Blechaufbau für größeren Dieselmotor

Eron

Hersteller	Meroni Industrie - Turin (IT)		
Typ	D 18		
Zylinder	1	Hubraum	1185 cm³
Leistung	18 PS	Gewicht	1000 kg
Bauiahr	1955		

Das italienische Unternehmen Meroni Industrie Metallurgiche aus Turin war Hersteller von Spezialstählen und Pressteilen aus Blech. Nach dem Krieg stellte der Inhaber Aldo Meroni fest, dass in Italien der Wiederaufbau und die Versorgung der Bevölkerung mangels ausreichend »MAN Power« nur schleppend verlief. Vor allem in der Landwirtschaft fehlten die Männer und auch die Zugtiere. Er entschloss sich, eine Art »mechanisches Maultier« zu entwickeln. Ende der 40er Jahre wurde fieberhaft konstruiert und 1950 wurde der erste Eron mit 10 PS zum Verkauf angeboten. Die Maschine war teuer und kostete 1.150.000 Lire. Der Durchbruch gelang ihm erst im Jahre 1953 mit dem Typ D mit 18 PS. Später folgten Maschinen mit 25 bzw. 35 PS.

Im Jahre 1968 war der Absatz stark eingebrochen und Meroni versuchte mit einem Joint Venture sein »Baby« zu retten - vergebens.

Im Jahre 1983 waren gem. einer staatlichen Erhebung immer noch 4500 Eron in Italien im Einsatz.

Keine Last ist zu groß

Moderne Werbung

Der Eron Traktor mit 2-Schaar Pflug

DKW Fahrbare Säge

Hersteller	DKW/Raab - Ingolstadt/Markdorf (D)		
Typ	Fahrbare Säge		
Zylinder	1	Hubraum	660 cm^3
Leistung	10 PS	Gewicht	1470 kg
Bauiahr	1956		

Früher waren die Winter in Deutschland wirklich kalt. Minustemperaturen auch über zwei bis drei Monate mit viel Schnee waren üblich. Vor allem im ländlichen Bereich war in der Nachkriegszeit der Holzofen zum Heizen (evtl. auch zum Kochen) Standard. Ein guter Vorrat an trockenem Holz war Voraussetzung für eine warme Stube im Winter.

Waren vor dem Zweiten Weltkrieg die selbstfahrenden Sägen (siehe Kapitel Pflüger und Steinert) eine willkommene Hilfe bei der Holzzerkleinerung, musste im Nachkriegsdeutschland alles ein bisschen schneller gehen und größere Distanzen überwunden werden. Findige Bastler modifizierten Fahrzeuge aller Art (siehe Kapitel Willys Jeep) zu fahrenden Sägen. Der in Markdorf (Baden) ansässige Lothar Raab baute zwei DKW Schnelllaster zu perfekten fahrbaren Sägen um. Der Antrieb erfolgte über den Fahrzeugmotor oder über einen eingebauten Elektromotor sofern Wechselstrom vor Ort vorhanden.

Der im Schnelllaster normal verbaute 2-Takt-Motor wurde durch einen sparsamen Dieselmotor der Firma Stihl (heute Hersteller von Motorsägen) ersetzt. Im Führerhaus gibt es Vorrichtungen für Ersatzsägebänder und Schärfeinrichtung, seitlich installiert ist die Holzspalteinrichtung um das gesägte Material zu spalten.

Mit seinen zwei Fahrzeugen war der Dienstleister im ganzen Bodenseebereich unterwegs.

Variationen des DKW Schnelllaster

Im Volksmund »Das Fahrzeug mit dem traurigen Blick«

Lothar Raab hatte zwei dieser Fahrzeuge im Einsatz

Lothar Raab

Schlüter DZM 25

Hersteller	Schlüter - Freising (D)		
Typ	Schlüter DZM 25		
Zylinder	2	Hubraum	2661 cm³
Leistung	25 PS	Gewicht	2250 kg
Bauiahr	1939		

Kommerzialrat Anton Schlüter gründete 1899 in München eine kleine mechanische Werkstatt, die sich sehr schnell zu einer angesehenen Motorfabrik entwickelte. Im Laufe der Jahre wurden Motoren bis zu 300 PS entwickelt, stehender oder liegender Bauart, die mit Benzin, Benzol, Petroleum oder Gas betrieben werden konnten.

In den 30er-Jahren liebäugelte Anton Schlüter, geboren auf dem Gut Keffelke nahe Brilon, mit dem Bau von Traktoren. Die neu entwickelten leichteren Motoren mit Drehzahlen bis 1500 U/min waren ideal für den mobilen Einsatz. Zunächst wurde der Traktor DZM 15 angeboten, gefolgt vom DZM 25 mit 25 PS (siehe Fotos).

Die ersten Traktoren von Schlüter fanden schnell Akzeptanz, dank der neuartigen Kaltstarttechnik für Vorkammer-Dieselmotoren ohne Zündpapier oder andere Hilfsmittel.

Auch der automobilmäßige Aufbau mit durchgehenden Kotflügeln fand allgemein Anerkennung.

Eher ungewöhnlich für die Zeit waren das optionale Klappverdeck und die Windschutzscheibe (beides optional). Schlüter achtete immer auch den Traktorfahrer und schuf möglichst ergonomische Bedingungen für den Fahrer, obwohl dieses Wort noch nicht bekannt war.

Armaturenbrett mit zwei Sicherungskästen

DEUTSCHLAND

Bequeme Sitzbank für Fahrer und Beifahrer

Schlüter mit automobilähnlichem Aufbau

Kleinland Pony

Hersteller	I.E. Burischek Schlepperbau - Breitenbrunn (D)		
Typ	Kleinland Pony		
Zylinder	1	Hubraum	700 cm³
Leistung	6-8 PS	Gewicht	750 kg
Bauiahr	1952		

Josef Burischek war einer jener Nachkriegsbastler, die aus US Jeeps oder Jeep-Teilen funktionsfähige Traktoren kreierten. In seiner Werkstatt in Breitenbrunn (Allgäu) reparierte er allerlei landwirtschaftliche Geräte. Die Nachfrage nach Zugmaschinen war im Nachkriegsdeutschland groß, die finanzielle Möglichkeit der Landwirte in der Regel mäßig.

Kennzeichen der Amerikanischen Besatzungszone

Burischek nahm tatkräftig einige Teile, wie Achsen und Getriebe, vom Jeep und zunächst Motoren von Zanker, um einen Traktor namens »Allgäuer Allrad« auf die Beine zu stellen. Der rastlose Kraftfahrzeugmeister Burischek konnte kurze Zeit später (1953) ein weiteres Model den »Kleinland Pony« vorstellen. Es war der erste komplette Eigenbau. Ein zentrales Rohr von 30 cm Durchmesser war das tragende Teil für Motor und Achsen. Das Getriebe war am Ende des Rohres, nach der Hinterachse, angeflanscht. Deshalb musste das Gestänge für den Schalthebel unter dem Sitz durchgeführt werden (Bild).

Der spartanisch ausgestattete Kleintraktor wurde nur in wenigen Stück gebaut, aber der neue Namen »Kleinland Traktoren« war geboren. (Lesen Sie mehr im Kapitel Kleinland AR18)

Schalthebel fürs Getriebe hinter dem Sitz

Ponny
A W
88 - 5216
6 km

Ponny
A W
88 - 5216

Allgaier AP 17 S

Hersteller	Allgaier - Uhingen (D)		
Typ	Allgaier AP 17 S		
Zylinder	2	Hubraum	1365 cm³
Leistung	17 PS	Gewicht	1025 kg
Bauiahr	1952		

Auf der DLG Ausstellung im Jahre 1950 präsentierte Allgaier seine neuste Entwicklung, den AP 17. Es war eine Sensation.

Die neue Maschine mit 2-Zylinder-Motor, mit vielen Teilen aus einer Aluminium Legierung, hatte eine Ölreinigungszentrifuge (Ölwechsel nur noch selten nötig), hatte ein 5-Gang-Getriebe mit Öl-hydraulischer Kupplung, Spurverstellung und Achsen in Portalbauweise. Der Preis lag bei sensationellen 4.450 DM.

Nach der Vorstellung des Traktors konnten innerhalb von acht Tagen über 5.000 Bestellungen entgegen genommen werden. Zum Glück hatte Allgaier das ehemalige Dornier Werk in Manzell am Bodensee übernommen.

Der Ursprung dieses Traktors lag bei keinem geringeren als Ferdinand Porsche. Er hatte im Dritten Reich den Entwicklungsauftrag für einen »Volkstraktor«. Dieser wurde wegen des Kriegsausbruchs nicht gebaut. Allgaier gelang es von Ferdinand Porsche das Know How zu erwerben. So begann also die Erfolgsstory des AP 17, Allgaier Traktor System Porsche, so die offizielle Bezeichnung des Traktors.

Der AP 17 beim Grasmähen. Links unten sieht man den Antrieb

Der Schmalspur-AP 17 war ideal für den Winzer

Die vielen Vorteile des AP 17, dank modernster Technik

in Sonntagskleidern auf der Fahrt zur Kirmes

Schlüter DS25B

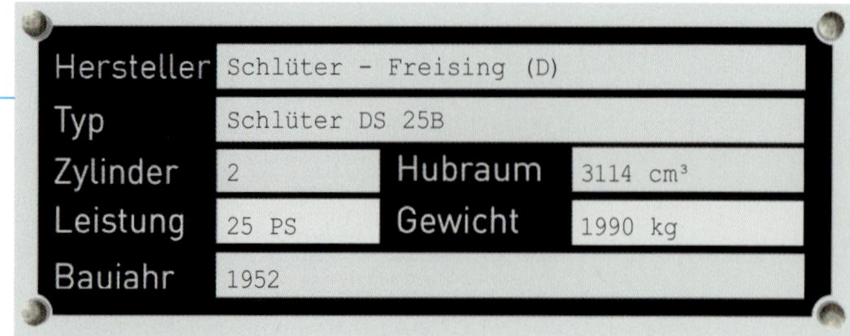

Im Zweiten Weltkrieg war Schlüter zwangsweise ein Rüstungsbetrieb, infolge dessen Werk 1 und Werk 2 den Bomben zum Opfer fielen.

Das Werk 3 in Freising blieb jedoch verschont, so dass Schlüter zunächst noch einige Holzgastraktoren Typ GZA25 bzw. DSU25 (ohne Generator) fertigte.

Aber die Entwicklung stand nicht still und Anfang Mai 1948 kam der DS25 auf den Markt.

Die Maschine hatte zunächst ein sparsames Blechkleid. Ein Jahr später wurde dieses durch eine aufwändigere Motorverkleidung ersetzt. Der vordere und hintere Kotflügel war mit einem breiten Trittbrett verbunden.

Daneben gab es unendlich viele Wahlmöglichkeiten, zum Beispiel folgende Varianten für den Fahrersitz: Ackersitzpolster torsionsgefederter, Ackersitz gepolsterter, Ein-Mann Polstersitz gefederter, Doppelpolstersitz mit Lederbezug, Kotflügelsitze mit und ohne Polster.

Auch bei den Getrieben bestand lange Zeit eine Wahlmöglichkeit.

Mit dem ZF Getriebe konnte für besondere Feldarbeiten ein Kriechgang für 2 km/h geliefert werden. Das Renkgetriebe bot für den Straßentransport hingegen den Schnellgang mit 30 km/h an.

In der Produktionszeit des DS25 (1948-1954) wurden noch weitere Getriebevarianten verbaut. Es war Anfang der Boomzeit für Traktoren und oft wurden die Komponenten verbaut, die gerade verfügbar waren.

Auf den Fotos sehen Sie den DS25B mit der Option »schwere Winde« für die Fortwirtschaft.

Die schwere Winde für die Holzwirtschaft

»Der neue Schlepper nach der Holzgaszeit« heißt es im Prospekt

Ein äußerst moderner Traktor, sowohl technisch als auch optisch

Unitrak

Hersteller	Metallwerk - Creussen (D)		
Typ	Unitrak - UP 12		
Zylinder	1	Hubraum	1600 cm³
Leistung	12 PS	Gewicht	800 kg
Bauiahr	1952		

Der »Unitrak« war als Zugmaschine für vielseitige Verwendung konzipiert. Alle Arbeiten, die in einem kleinen landwirtschaftlichen Betrieb anfallen, sollten mit leicht zu montierenden Zusatzgeräten mit diesem Traktor bewältigt werden. Konzipiert wurde das Fahrzeug von dem Konstrukteur Walter Hoffmann ursprünglich als Einachser.

Als die Metallwerke Creussen die Rechte übernahmen, wurde aus dem Einachser durch Anbringung eines Rahmens und eines zusätzlichen Stützrades ein Kleintraktor mit der Möglichkeit zwischen den Achsen verschiedenste Zusatzgeräte anzubauen. Im Prospekt werden 32 Anbaugeräte aufgezählt von Drillgerät bis zur Seilwinde. Aufgrund des einzelnen, am Heck befindlichen Rades, mit dem gelenkt wurde, war ein sehr enger Wendekreis möglich. Die Spurbreite vorne ließ sich einfach verstellen. Es gab eine Zapfwelle vorne und hinten. Darüber hinaus war ein vorderes Hubwerk, ausgestattet mit Feinsteuerung und Schnellverschluss, optional möglich. Im Prospekt wird darauf hingewiesen, dass die Zugleistung im Acker 50 Zentner beträgt und 120 bis 200 Zentner auf glatter Straße mit 15 km/h. Insgesamt ein durchaus überzeugendes Konzept für den Kleinbauern.

In fünf Jahren Bauzeit wurden weniger als 100 Einheiten verkauft. Das Fahrzeug, das ab 1950 gebaut wurde, war anfänglich mit einem 12 PS »Stihl-Motor« ausgerüstet, später dann mit einem 15 PS Motor aus eigener Konstruktion.

Der Unitrak erwies sich jedoch trotz seiner Universalität nicht als großer Verkaufsschlager und wurde 1954 eingestellt. Metallwerk Creussen stellte kurze Zeit später, im Jahre 1955, den Traktorbau insgesamt ein.

Ideal beim Ackern ist der Doppelpflug für beidseitigen Einsatz

Der Unitrak mit Mähwerk und Transportpritsche sowie Pflug. Mehr Anbau geht nicht.

Anbauvarianten

Kramer K22TH

Hersteller	Kramer - Überlingen (D)		
Typ	Kramer K22TH		
Zylinder	1	Hubraum	1639 cm³
Leistung	22 PS	Gewicht	1680 kg
Bauiahr	1951		

Nach dem Krieg war Kramer wieder erfolgreich in den Traktorbau eingestiegen mit 12 und 18 PS Maschinen. Ab 1949 wurde die Thermosiphonkühlung angeboten. Bei dieser wird der Dichteunterschied zwischen heißem und kaltem Wasser genutzt. Das heiße Wasser steigt auf zum Kühler, wird beim Durchfluss durch den Kühler abgekühlt und dann dem Motor wieder zugeführt. Eine Wasserpumpe ist nicht nötig. Alle bisherigen Kramer Traktoren waren Verdampfer (siehe Lanz 15/30). Es gab bei Kramer jetzt den K12Th oder den hier gezeigten K22Th, das sogenannte Jubiläumsmodell (Th stand für Thermosiphonkühlung).

Ein K22Th kostete 1950 allerdings 5980,00 Mark, ein K12Th 4830,00 Mark und ein einfacher K12V nur 3575,00 Mark. Letzteres entsprach in etwa dem Jahresdurchschnittseinkommen in der jungen Republik. Kein Wunder also, dass fast drei Mal so viel K12V gekauft wurden wie K22Th.

Der Allesschaffer Prospekt

Aus dem Kramer-Prospekt

Schwungrad auf beiden Seiten, hier mit kleinem Rad für Riemenantrieb

Großes Schwungrad und darunter sichtbar der Mähwerksantrieb

Allgaier A40

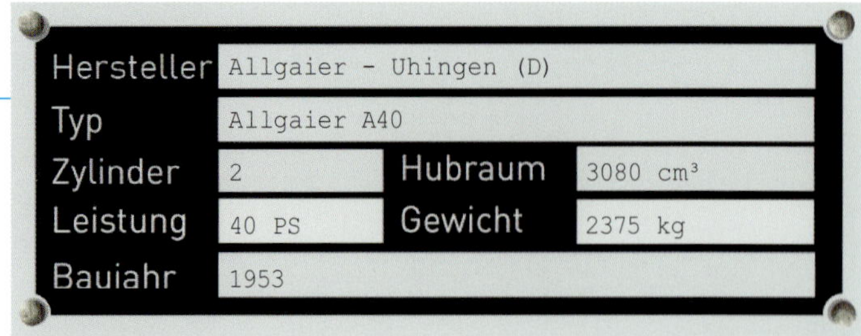

Allgaier war sehr erfolgreich mit leichten Traktoren um 20 PS. Das Unternehmen war bestrebt auch in oberen Leistungsklassen etwas anzubieten und so wurde im Frühjahr 1950 der A30 und A40 vorgestellt.

Der Rahmen war natürlich wieder gekanntetes U-Profil (siehe Allgaier R18). Der hier gezeigte A40 wurde von einem 2-Zylinder Dieselmotor angetrieben, quasi ein Verdoppelung des Motor R22 mit identischen Grunddaten. Das selbstentwickelte Getriebe war sehr anfällig und die Nachfrage überschaubar.

Ab 1952 versuchte es Allgaier mit einem ZF Getriebe. Die Maschine wurde A40 Z genannt. Aber auch das half nicht. Es wurden nur ca. 200 Maschinen verkauft, überwiegend ins Ausland.

Der Allgaier A40 mit Anhängemähdrescher

Winde am Heck für die Waldarbeit

Das Fahrzeug zeigt im Gelände seine Beweglichkeit

David 9-18

Hersteller	Etablissement David - Tours (F)		
Typ	David 9-18		
Zylinder	4	Hubraum	1670 cm³
Leistung	10 PS	Gewicht	850 kg
Bauiahr	1932		

Alljährlich findet in Paris die SIMA (le salon de la machine agricole) also die Messe für landwirtschaftliche Maschinen statt. Heute sind die Tore und Zufahrtalleen oft zu klein für die großen Monstermaschinen. Im Februar 1931 war dies kein Problem, als die Etablissements David aus Tours/Frankreich ihren ersten Traktor vorstellten. Der David 9-18, also 9 PS an der Ackerschiene, 18 PS am Riementrieb, wurde von einem Chapuis-Dornier Motor angetrieben.

Chapuis Dornier bot von 1919 bis 1921 PKW's an, konzentrierte sich dann aber auf die Zulieferung von Antriebsaggregaten an Auto- und (beim David) Traktorhersteller.

Sehr wenig ist über den Hersteller »Etablissement M. David« bekannt. Im Prospekt lobt der Hersteller die Zugkraft seines Traktors mit den Worten: Pflügen 15 cm tief mit dem Einscharpflug, 50 cm breit kein Problem. Ziehen einer Last von 2.500 kg mit 8-10 km/h kein Problem (bei Eisenbereifung mit Laufringen). Das geringe Gewicht der Zugmaschine? Kein Problem. Das an der Ackerschiene angehängte Gerät, zum Beispiel der Pflug, zieht diese nach unten und verleiht dem Traktor volle Traktion - diese Technik ist bis heute unerreicht... so zumindest der Text auf geduldigem Papier.

Im Laufe der 30er Jahre verliert sich die Spur dieses Herstellers.

Seltener Prospekt des »Tracteur David«

David Traktor aus Tours

Fachkundiges Publikum

Die Blechkiste wird bestaunt oder ignoriert

Hürlimann H12

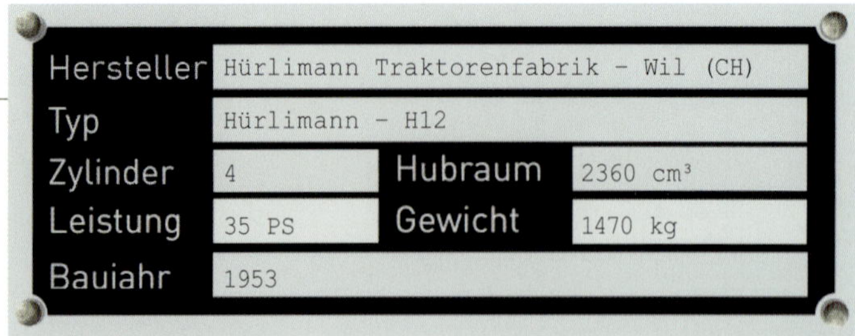

Das Unternehmen Hürlimann war eine wahre Ideenschmiede mit vielen Erfindungen und Patenten. Aus den ersten Anfängen (siehe 1K10) entwuchs ein florierendes Unternehmen, das Anfang der 60er Jahre den 10.000 Traktor feierte. Es wurden benzingetriebene Traktoren wie dieser H12 angeboten und oft auch baugleiche Maschinen mit Dieselmotor. Im Laufe der Jahre wurde bei Hürlimann fast alles im Hause hergestellt: Motor, Getriebe, Achsen, Winden, Felgen, usw. Verschiedenste Anbaugeräte wurden entwickelt. Industrie-Zugmaschinen, Kettenfahrzeuge und diverses Equipment für die Schweizer Armee. Es waren alles imposante, oft ingenieurmäßig verspielte Traktoren.

Irgendwann erlitt Hürlimann das Schicksal so vieler Traktorhersteller. Die Qualität und Robustheit wurde allenthalben geschätzt – doch wer wollte den Preis dafür noch zahlen. Die Hersteller mit großen Stückzahlen nutzten ihre Skaleneffekte und waren deutlich preisgünstiger.

Seit 1975 ist Hürlimann Teil der SDF Gruppe (SAME Deutz-Fahr).

Lenkrad mit Hand-Gashebel rechts darunter

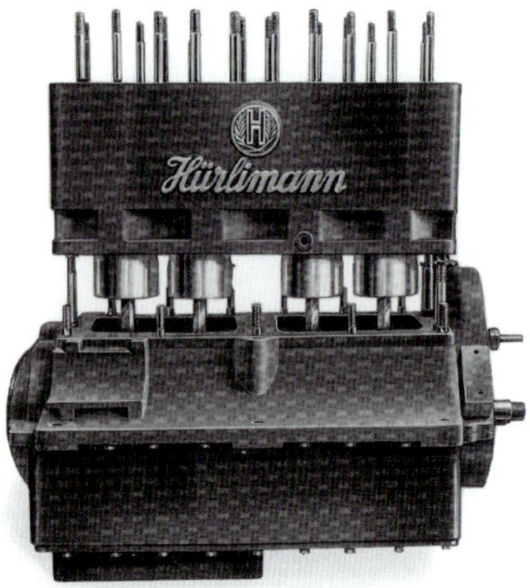

Der Hürlimann Motor

Der Benzinmotor mit Verteiler und Zündspule

Foto aus dem Prospekt

Hanomag R12

Hersteller	Hanomag - Hannover (D)		
Typ	Hanomag R12		
Zylinder	1	Hubraum	511 cm³
Leistung	12 PS	Gewicht	800 kg
Bauiahr	1953		

Der R12 von Hanomag wurde gern das »Ackermoped« genannt. Das typische hochtönige Surren des 2-Takt-Motors, ähnlich dem der 2-Takt-Mopeds, wurde von vielen Landwirten belächelt, insbesondere von den Lanztraktorbesitzern, von denen es Anfang der 50er Jahre noch sehr viele gab.

Der Traktor mit seiner Wespentaille für den Zwischenachsanbau war konsequent auf Einmannbedienung ausgelegt. Verschiedenste Anbaugeräte ermöglichten den universalen Einsatz auf dem kleinen Hof. In den Fotos wird der Einsatz mit Winde im Weinbau gezeigt, eine der vielen möglichen Anwendungen im Zwischenachsbereich.

In den Jahren 1954 und 1955 hatte die Hanomag AG einen Marktanteil von über 13% in Deutschland und war damit Marktführer. In den Folgejahren ging es aber kontinuierlich bergab. 1971 wurde die Schlepperproduktion nach über 250.000 Einheiten eingestellt. Die weitere Wechselvolle Geschichte der Hanomag AG hier darzustellen würde den Rahmen dieses Buches sprengen. Die Rheinstahl AG hatte nach dem Krieg das Unternehmen übernommen und verkaufte es 1974 zunächst an Massey Ferguson. Nach diversen weiteren Verkäufen und Eigentümern übernahm Komatsu 1989 die Hanomag AG. Fortan wurden nur noch Baumaschinen hergestellt unter dem Namen Komatusu-Hanomag GmbH. Heute ist der Namensteil Hanomag auch Geschichte.

Die Winde seitlich schwenkbar

Hanomag R12 mit Winde im Zwischenachsanbau

Fahrer und drei Beifahrer, kein Problem beim R12

Pumpe des Winzers um den Wein vom Fass zu Fass zu pumpen

HANOMAG Combitrac R12

TECHNISCHE EINZELHEITEN

Art und Arbeitsweise des Motors	Einzylinder Zweitakt-Dieselmotor mit Gebläsespülung
Motorleistung	12 PS
Hubraum	510,7 cm³
Drehzahlbereich	600-2200 U/min
Kühlsystem	moderne Thermostat-Zweikreiskühlung
Bereifung, vorn	4,00-15 AS oder 4,00-16 AS
Bereifung, hinten	8-24 AS oder 7-30 AS
Länge über alles	2730 mm
Breite über alles (schmale Spur)	1480 mm
Radstand	1800 mm
Spurweiten	1250/1375/1500 mm
Bodenfreiheit	420 mm
Ganganzahl	6 Vorwärtsgänge, 2 Rückwärtsgänge
Geschwindigkeiten	1,45/2,7/4,6/5,75/10,85/19,0 km/st Rückwärtsgänge 1,8 u. 7,3 km/st

Zapfwellendrehzahl, normal	575 U/min
Zapfwellendrehzahl, gangabhängig	144—1720 U/min
Betriebsfertiges Gesamtgewicht	900 kg
Zughakenkraft 2. Gang	783 kg*
Zughakenkraft 3. Gang	650 kg
Zughakenkraft 4. Gang	525 kg
Höchstzugkraft auf Betonbahn im 2. Gang	900 kg*
*) mit Belastungsgewichten vorn	
Riemenscheibenleistung	11,4 PS

Serienmäßige Ausrüstung: 2 Polstersitze, Aufstiegbügel und Griff, elektrischer Anlasser, elektrische Beleuchtung, Zapfwelle (575 U/min), Differentialsperre, vordere Zug- und Druckvorrichtung

Sonderausrüstung: Frontlader, Zentral-Hydraulik, Riemenscheibe, Fahrerdach, verstellbare Vorderachse, verstellbare Hinterradfelgen, Gitterräder, Vorderradkotflügel, Handfeststellvorrichtung für Fußbremse.

Alle technischen Daten gelten bei Bereifung 7—30 AS

Konstruktive Änderungen und Abweichungen vorbehalten.

Die Zentralhydraulik

Ihre Bedienung ist einfach. Ein leichter Hebeldruck, und die Geräte zwischen den Achsen und an der Dreipunktaufhängung oder der Frontlader heben bzw. senken sich. — Die Zahnrad-Öldruckpumpe ist am Motor angebracht und preßt das Öl entsprechend der Schalthebelstellung (1) zu den Arbeitszylindern des Frontladers (2) oder in den Arbeitszylinder (3) der Hauptkraftwelle (4). Von der Hauptkraftwelle werden alle Geräte zwischen den Achsen und in der Dreipunktaufhängung (5) gehoben bzw. gesenkt.

Ursus B28

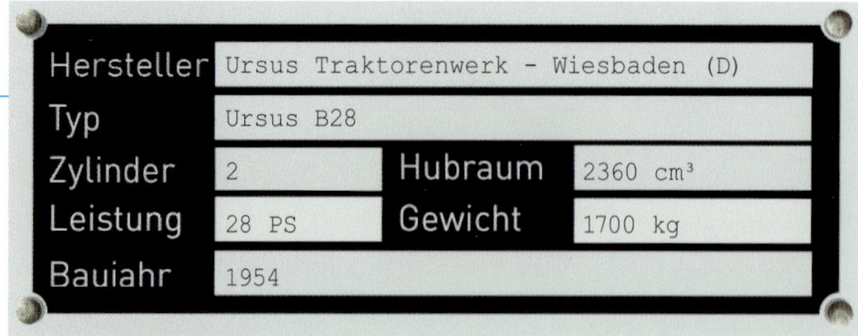

Die Traktoren aus dem Ursus-Traktorenwerk in Wiesbaden sind nicht zu verwechseln mit den polnischen oder italienischen Ursus Traktoren. Lange Zeit war das Unternehmen im Namensstreit mit den Polen, sodass es von 1950 bis 1954 den Namen »Urus Traktorwerke« trug. Danach war die offizielle Firmierung »Ursus Traktorwerke Erkelenz & Co. KG«

Der Ursus B28 war eine ungewöhnliche Erscheinung durch gleich hohe Räder (8-24). Der Allradantrieb mit den großen Rädern, das Gewicht von 1740 kg und der MWM Motor mit 28 PS sorgten für perfekte Traktion.

Der im Herbst 1951 vorgestellte Traktor wurde für 12.335 DM angeboten (VW Käfer ca. 5.200 DM). Er war damit etwas günstiger wie der vergleichbare Stier 30 von Nordtrac oder der MAN 30 PS Allrad, aber damit im Preissegment der hinterradgetriebenen 40 PS Traktoren.

Durch einen vergleichsweise hohen Preis und ein schwaches lückenhaftes Vertriebsnetz fanden nur ca. 100 Maschinen einen Abnehmer (siehe auch Ursus Bambi).

Das Markenzeichen für alle Ursus Traktoren ist der Allradantrieb

Für den Fahrer ist alles übersichtlich angeordnet

Die gleichgroßen Räder ergeben ein wuchtiges Erscheinungsbild

Der Allradantrieb

O&K T18A

Hersteller	O&K - Dortmund (D)		
Typ	O&K - T18A		
Zylinder	1	Hubraum	1662 cm³
Leistung	18 PS	Gewicht	1600 kg
Bauiahr	1954		

Orenstein & Koppel gegründet 1876 zeichnet sich durch eine wechselvolle Geschichte aus, bei der Traktoren nur eine Randerscheinung waren. Im Laufe der Jahrzehnte produzierte O&K alles Mögliche, von Lokomotiven über Baumaschinen bis zu Rolltreppen. Im Dritten Reich wurden im Rahmen der Arisierung die jüdischen Eigentümer enteignet und das Unternehmen in MBA (Maschinen und Bahnbedarf AG) umbenannt.

Traktoren wurden ab 1938 im Werk Nordhausen gebaut. Nach dem Krieg erfolgte der Neustart wieder unter dem Namen O&K. Es galt zunächst die Produktionsmöglichkeiten im Westen zu ordnen um ab 1949 den Traktorbau neu zu etablieren. Das Werk Nordhausen lag in sowjetisch besetzter Zone und wurde später zu VEB IFA Nordhausen (Hersteller von Traktoren wie Brockenhexe, Maulwurf u.v.a.)

Im Westen wurde dieser hier vorgestellte T18A (neue Serie), mit mäßigem Erfolg von O&K vermarktet. Es sollte eine Baureihe bis 75 PS entwickelt werden. Doch in 1954 war Schluss mit der defizitären Produktion von Ackerschleppern. Es war O&K nicht gelungen dem Traktor ein technisch oder wirtschaftlich Profil zu geben. Der T18A war ein Traktor wie viele andere nur teurer.

Einige Jahre länger wurde noch der »Kompressorschlepper UK1« gebaut, oft mit Schweiß- oder Drehstromgenerator. Dieses Fahrtzeug wurde gern von Baufirmen eingesetzt. Im Stand konnten zwei Zylinder durch Umschalten als Luftkompressor genutzt werden.

Nur wenige O & K Schlepper gab es in der Landwirtschaft

Der Schlepper für Acker und Straße

Kramer Walze

Hersteller	Kramer – Überlingen (D)		
Typ	Kramer – K15		
Zylinder	2	Hubraum	1250 cm³
Leistung	15 PS	Gewicht	1860 kg
Bauiahr	1954		

Zu Zeiten des Wiederaufbaus der Infrastruktur im kriegszerstörten Deutschland gab es oft Engpässe in der Versorgung der Tiefbauindustrie mit geeigneten Baumaschinen.

Ein findiger Unternehmer aus Süddeutschland wusste sich zu helfen. Ein vorhandener Kramer Traktor K15 wurde gekonnt umgebaut. Vorderachse und Hinterräder wurden durch schwere Walzen ersetzt. Über den hinteren beiden Walzen wurden die Wassertanks angebracht und sorgten damit für zusätzliche Flächenpressung. Diese einfache Straßenwalze war natürlich nur für leichte Befestigungen wie Gehwege geeignet – aber sie funktionierte perfekt und wurde erst Mitte der 60er Jahre in den Ruhestand verabschiedet.

Emblem

Das Typenschild vom Original-Traktor

Große Wasserbehälter über den hinteren Walzen

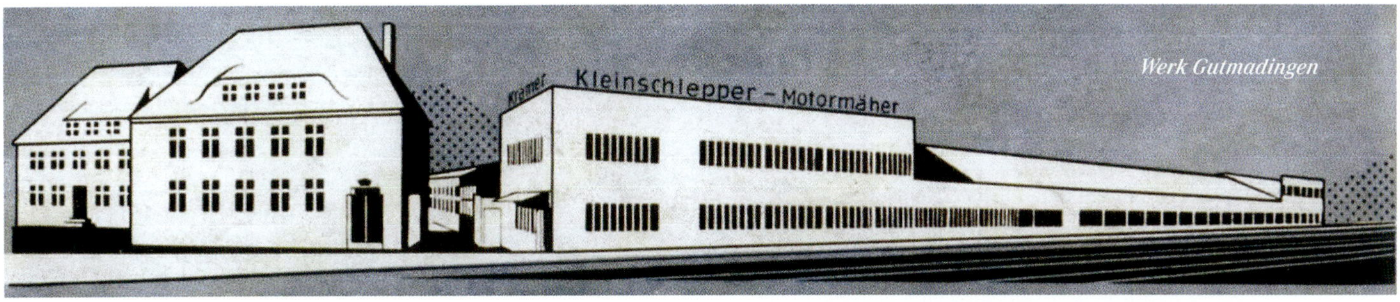

Werk Gutmadingen

Zusätzliche Lenkradübersetzung für schnellen Kurveneinschlag der vorderen Walze

Köpfli

Hersteller	Köpfli (CH)		
Typ	Köpfli		
Zylinder	4	Hubraum	4400 cm³
Leistung	45 PS	Gewicht	1530 kg
Bauiahr	1954		

Im Schweizer Traktorenbau gab es viel Tüftler und Erfinder. Ein besonderes Talent war Josef Köpfli, geboren 1910 als Bauernsohn zusammen mit neun Geschwistern!

Er absolvierte zunächst eine Lehre als Velomechaniker und dann als Automechaniker. Viele Jahre arbeitete er für den Hersteller Hürlimann (siehe auch Hürlimann 1k10).

Er entwickelte auch die legendäre Ganzrankvorderachse, die einen Vorderradeinschlag von nahezu 90° ermöglichte. Hürlimann hatte an dieser Erfindung kein Interesse und daraufhin entschloss sich Köpfli einen eigenen Traktor zu bauen.

1949 war der erste Traktor fertig und erregte große Aufmerksamkeit. In verschiedenen Produktionsstätten fertigte Köpfli bis 1964 ca. 600 Traktoren. Er verbaute zunächst Chevroletmotoren, später überwiegend Perkinsmotoren (Diesel und Benzin). Die Traktoren waren schnell (60 bis 70 km/h), leise und sehr wendig. Beim Lenkeinschlag von 90° konnte der Traktor fast auf der Stelle wenden und das entsprechende Hinterrad musste dabei rückwärts drehen.

Köpfli Traktoren sind begehrte Sammlerobjekte insbesondere die 6-Zylinder Maschinen.

Fast 90° Lenkeinschlag möglich

Köpfli in aller Welt, wohl eher nicht

Ein schneller Benzintraktor

Ruhrstahl Geräteträger

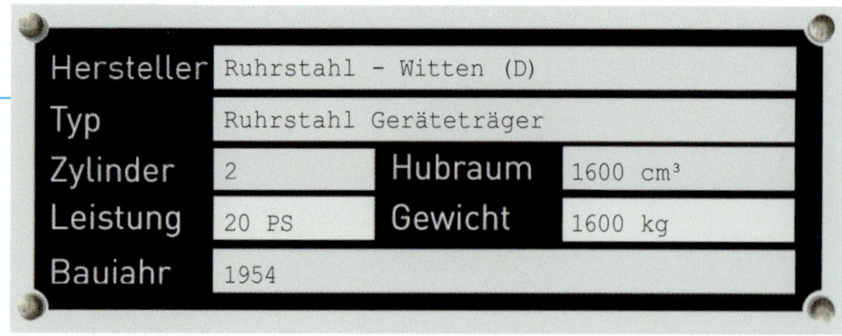

Deutsche Unternehmen, die Teil der Rüstungsindustrie waren, wurden nach 1945 stillgelegt oder erhielten Produktionsbeschränkungen. Die Ruhrstahl AG in Witten, eines der betroffenen Unternehmen, kämpfte um seine Existenz und erhielt nach zähen Verhandlungen die Genehmigung für Eisenbahnreparaturen sowie die Genehmigung Pumpen und Traktoren herzustellen.

Vorausgegangen waren Verhandlungen mit Heinrich Hildebrand, der schon sehr lange an der Entwicklung des echten »Universaltraktors« arbeitete. (Universal war das Schlagwort der Traktorindustrie über Jahrzehnte.)

Bei Ruhrstahl galt es nun, die Idee des »Universal Geräteträgers« umzusetzen. Anbauraum für Zusatzgeräte vorne, mittig und hinten, freie Sicht für das Anbaugerät mittig und vorne, Antrieb für jeden Anbauraum, Einmannbedienung und An- und Abbau durch nur eine Person.

Beim Ruhrstahl Geräteträger wurde alles verwirklicht. Zulieferer von Anbaugeräten wie Pflüge, Grupper, Sähmaschinen... erhielten finanzielle Unterstützung zur Anpassung ihrer Geräte an das Schnellkupplungssystem von Ruhrstahl.

Der Vorteil des Traktors lag in der gleichzeitigen Durchführung verschiedenster Arbeitsgänge, z.B. Bodenbearbeitung, Sähen, Düngen. Tolles Konzept, wenn es auch bezahlbar ist. Die Maschine kostete mehr als doppelt so viel wie normale Traktoren. Für den einfachen Landwirt viel zu teuer, für die großen Landwirtschaften mit 20 PS viel zu schwach. Der Geräteträger war letztendlich nur ein Nischenprodukt für den Hackfruchtanbau oder Sonderkulturen.

1956 wurden die Produktionsbeschränkungen aufgehoben und die Ruhrstahl AG wechselte schnell zu ertragsreicheren Stahlprodukten.

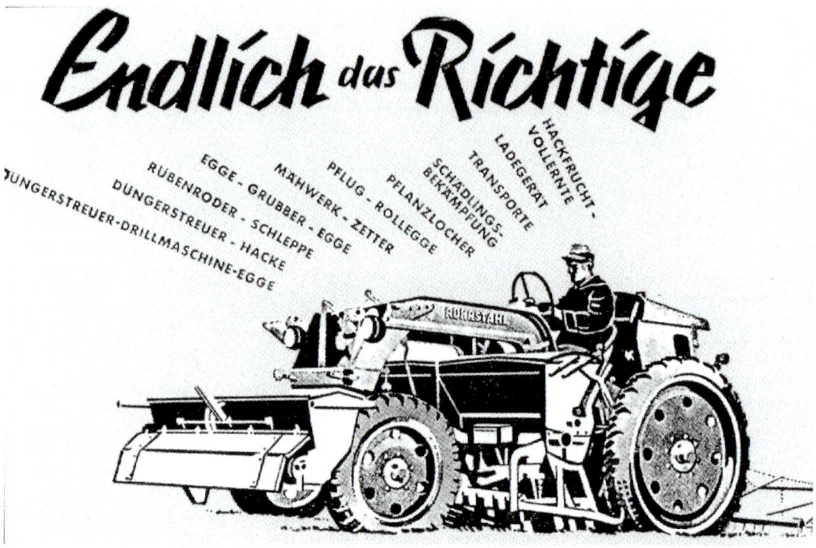

Anbaumöglichkeiten

Gitterräder verhindern das Einsinken der Reifen ins Erdreich

Hier werden alle drei Anbauräume genutzt

In diesem Zustand wurde die Maschine vorgefunden

Man beachte, dies ist ein »Geräteträger und Schlepper«

Kühne und Berger Dieselzwerg

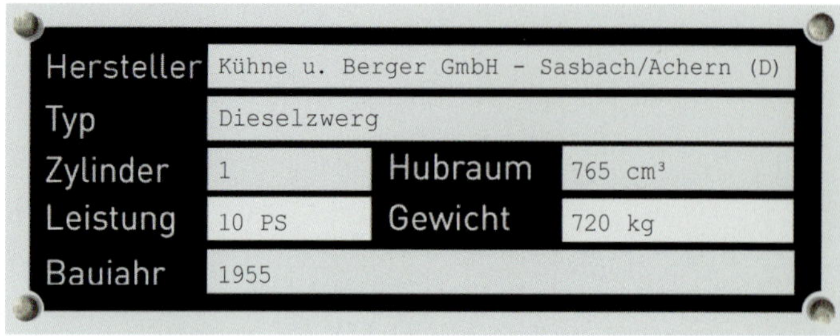

»Ein Zwerg an Gestalt - ein Riese an Leistung« - der Dieselzwerg.

Not macht erfinderisch - nicht nur in der Werbung.

Kühne und Berger GmbH bot den Kleinbauern im Schwarzwald einen 3-Rad-Traktor und Transportfahrzeug der besonderen Klasse. Das Kleinstunternehmen war Händler für Farymann Motoren. Also der Motor für das neu im Hause Kühne und Berger entwickelte Fahrzeug war vorbestimmt. Überall in der amerikanisch-französischen Besatzungszone wurden die Jeeps ausgeschlachtet, also gab es Getriebe, Kupplungen, Hinterachsen. Alles wurde geschickt in einen Stahlrohrrahmen eingebaut, vorne noch ein Rad zum Lenken, hinten eine Ladepritsche - fertig war der Dieselzwerg. Anbaugeräte wie Pflug, Mähwerk, Seilwinde, Feldspritze, Kreis- und Bandsäge wurden nach und nach entwickelt.

Die Kunst des Ingenieurs zu der Zeit war aus dem Vorhandenen das Beste zu machen. So musste zum Starten des Traktörchen der Sitz hochgeklappt werden um zur Andreh-Kurbel zu gelangen, die den Motor über die Nockenwelle in Drehung versetzte.

Die Zapfwelle war eine Verlängerung der Hauptgetriebewelle - es gab also drei Geschwindigkeiten und eine Zapfwellenumkehr der Drehrichtung (Rückwärtsgang).

Ein weiteres Highlight war der hintere Pritschenschlag. Nach dem Herabschwenken ergab sich zusammen mit der Pritsche eine bequeme Bank mit Fußstütze für zwei Beifahrer (Bild).

Bis zum Jahre 1956 wurden ca. 200 Geräte gebaut mit Export angeblich bis Indien??

Der Motor ist direkt hinter dem Fahrer. Im Winter eine angenehme Heizung. Und im Sommer?

Vorne rechts und links können die Pflüge angebaut werden

Sitzfläche auf der Pritsche. Die Füße können auf dem herunter geklappten Schlag abgestellt werden.

Auch größte Lasten zieht der Dieselzwerg ohne Mühe

MAN 32A

Hersteller	MAN - Augsburg (D)		
Typ	MAN 32A		
Zylinder	4	Hubraum	3180 cm³
Leistung	32 PS	Gewicht	2260 kg
Bauiahr	1955		

Nach dem Krieg wagte MAN den dritten Anlauf in der Traktorproduktion (siehe MAN AS 250).

Im Jahre 1948 wurde die neu entwickelte Generation, jetzt mit dem Namen Ackerdiesel, vorgestellt. Die Typenbezeichnung lautet 325 A. Das A stand für Allrad. Und mit den Allradtraktoren schuf sich MAN sehr schnell großen Respekt bei Kunden und Wettbewerb. Die preisgünstigere Variante hatten die Bezeichnung H, zum Beispiel 325 H mit Hinterradantrieb. Die Angebotspalette wurde systematisch erweitert mit Maschinen bis zu 45 PS, als Straßenzugmaschinen auch mit festem Fahrerhaus.

Im Jahre 1955 bot MAN den hier gezeigten A32A an, zum Preis von 12.996,00 DM. Damit konnte man locker zwei VW Käfer kaufen, oder im Jahr zuvor zwei Allgaier AP17. Dennoch fand der robust gebaute A32A, zum Beispiel in der Forstwirtschaft mit schwerer Winde, oder anderer Ausstattung, nahezu 1.000 Liebhaber in den Jahren 1955/56

Winde mit Bergstütze

Spezieller Einsatz mit Doppelbereifung vorne und hinten

Natürlich überlegen »durch 4-Radantrieb«

Der Aufstieg ist für den Traktoristen nicht ganz einfach

Ursus Bambi C10B

Hersteller	Ursus Traktorenwerk GmbH - Wiesbaden (D)		
Typ	Ursus Bambi		
Zylinder	1	Hubraum	660 cm³
Leistung	12 PS	Gewicht	760 kg
Bauiahr	1959		

Die Ursus Werke Wiesbaden (siehe Ursus B28) wagten 1952 den großen Wurf mit dem Ursus Bambi. »Der neue Allradschlepper mit Zweiweg System« - »Der erste Traktor, der vorwärts und rückwärts arbeitet« - »Allradantrieb, Allradlenkung, Allradbremse, Wendegetriebe, Drehbarer Sitz, - der perfekte Traktor«.

Das waren die Prospektüberschriften, eine anscheinende Glanzleistung der Ingenieure. Tatsächlich verfügte der Traktor über ein Wendegetriebe mit zentraler Welle, die die Motorleistung über Ketten auf die pendelnden Vorder- und Hinterachse überträgt. Vorwärts und rückwärts konnte gleich schnell gearbeitet werden. (Allerding erlaubten die Kettenkästen bei der Allradlenkung nur einen geringen Einschlag, so dass der Wendekreis größer als bei jedem anderen Traktor war).

Der Fahrersitz konnte um 180° gedreht werden, Pedal gab es in beide Richtungen. So konnte tatsächlich zum Beispiel in beide Richtungen gepflügt werden, wie auf den Fotos ersichtlich. Am Hang entfiel aufwendiges oder gar gefährliches Wenden des Traktors.

Das Bambi hatte für gewisse Anwendungen eindeutig Vorteile, aber die Bauart verlangte auch viele Kompromisse.

1957 endet die Ära Ursus in Wiesbaden.

Pedale in beide Fahrtrichtungen. Der Sitz ist drehbar

Prospekt des Zweiwegeschleppers

Vorder- und Hinterachse lenkbar

Pflug hinten und vorne zum Pflügen in beide Richtungen

Engagierte Helfer bei der Restauration

Holder A12

Hersteller	Holder - Metzingen (D)		
Typ	Holder A12		
Zylinder	1	Hubraum	604 cm³
Leistung	12 PS	Gewicht	685 kg
Bauiahr	1957		

Im Weinbau waren kleine, schmale, zugkräftige Schlepper gefragt, die möglichst auf der Stelle drehen konnten. Bei Holder entschied man sich in den 50er Jahren für die Entwicklung einer Knicklenkerbaureihe, wie sie Lanz bereits in den 20er Jahren angeboten hatte (siehe Lanz HP).

Im November 1957 stand der A12 zum Verkauf bereit. Ein allradgetriebener Traktor mit Knicklenkung und tiefem Schwerpunkt. Die Cultitrac Serie war geboren. Ein idealer Traktor für den Winzer oder Obstbauern. Über die Jahre wurde die Baureihe nach oben bis zum Cultitrac 770 und darüber hinaus ausgebaut.

Die Maschine konnte mit einer Vielzahl von Anbaugeräten bestellt werden, natürlich auch mit leistungsstarken Spritzen für den Wein- und Obstbau von Holder.

Die »Wespentaille« oder besser die Knicklenkung ist auf diesem Bild dargestellt

Der Holder mit allerlei Anbaugeräten

Farmall Cub

Hersteller	International Harvester - Illinois (USA)		
Typ	Farmall Cub		
Zylinder	2	Hubraum	975 cm³
Leistung	11 PS	Gewicht	680 kg
Bauiahr	1957		

Der Farmall Cub war der kleinste Traktor in der sonst großen Produktfamilie von IH International Harvester. Er war zugleich eine sagenhafte Erfolgsgeschichte. In den Jahren 1947 bis 1979 wurden ca. eine viertel Million Cub's in aller Welt verkauft.

Der Motor sitzt außermittig links, so dass der Fahrer mehr rechts sitzend direkten Blick auf den Zwischenachsbereich hat. Dort konnte zum Beispiel ein Grubber angebracht werden und der Fahrer konnte durch seine Sitzposition den Einsatz genau einsehen. Bei IH nannte man das Konzept deshalb »Cultivision«. Da sich über die Jahre die hauptsächliche Anwendung des Traktors vom landwirtschaften zum kommunalen Einsatz verlagerte, waren die Cub's ab 1960 gelb, da im Konzern alle »Industrial« Geräte, auch Baumaschinen, gelb waren.

Der Cub wurde von 1955 bis 1964 auch im Werk in St. Dizier Frankreich gebaut. Ab 1958 als Super-Cub mit 14 PS.

Kleiner Traktor, große Dreschmaschine

Mercedes 170V

Hersteller	Mercedes- Untertürkheim (Ba-Wü) (D)		
Typ	Mercedes 170V		
Zylinder	4	Hubraum	1700 cm³
Leistung	38 PS	Gewicht	1200 kg
Bauiahr	1950		

Nach dem Krieg bot Daimler Benz noch einige weitere Jahre den Typ 170V an. Er wurde mit Kriegsunterbrechung seit 1936 gebaut und war mit 70.000 Einheiten ausgeliefert bis 1942 der meistverkaufte Mercedes Benz PKW. Das V stand für Motor vorne, denn zu dieser Zeit wagte Mercedes Benz einen Ausflug zum Heckantrieb. Der fast gleiche Motor war beim 170H im Heck verbaut. Der 170V war mit verschiedensten Karosserien erhältlich, auch mit Ladepritsche hinten.

Der hier abgebildete 170V »Pickup« ist ein nachträglicher Umbau. Ein Zwischengetriebe und eine neue Hinterachse sorgen in diesem Fahrzeug für besondere Geländegängigkeit. Das Fahrzeug wurde geraume Zeit für den Milchtransport ins Tal genutzt, bevor er ins Museum durfte.

Limousine Mercedes 170

Große und profilierte Reifen auf der Hinterachse sichern den Traktor in jedem Gelände

Der Mercedesstern, das Markenzeichen mit exklusivem Status

Chassis des Mercedes 170V

Fahr D60C

Hersteller	Fahr - Gottmadingen (D)		
Typ	Fahr D60C		
Zylinder	4	Hubraum	5322 cm³
Leistung	60 PS	Gewicht	3500 kg
Bauiahr	1955		

Die Traktorfreunde, vor allem im Süden der Republik, kennen die kleinen roten Fahr-Traktoren, die vom Unternehmen in großer Stückzahl in den 50er Jahren verkauft wurden.

Der hier gezeigte D60 war jedoch kein kleiner, sondern im Jahr 1955 einer der stärksten Traktoren überhaupt. Überraschenderweise ist im D60 ein stabiler Rahmen verbaut, obwohl Blockbauweise inzwischen als Standardbauweise galt. Der verwendete Deutz Motor F4L514 erlaubte keine Biegekräfte, so musste konsequenterweise die Vorderachse am Rahmen aufgehängt werden.

Die meisten D60C wurden exportiert. Fahr war weltweit anerkannt, nicht nur im Bereich Traktoren, sondern noch viel mehr wegen seiner Gras-, Heu- und Getreideerntemaschinen, die Fahr bereits im 19. Jahrhundert in Deutschland und dem benachbarten Ausland vertrieb.

Fahr war erfolgreich über all die Jahrzehnte, natürlich mit Auf und Ab's, aber ein Blick auf 1939 zeigt: Täglich verließen 80 Grasmäher und 30 Bindemäher die Fabrik!

Der Fahr bei der Waldarbeit mit Winde und Bergstütze

Werksfoto des D60C

Der D60 war kein kleiner Traktor

Fahr D60 mit großer Riemenscheibe seitlich

J.G.FAHR
Fabrik landwirtschaftlicher Maschinen
Maschinenfabriken & Eisengiesserei
GOTTMADINGEN
& STOCKACH.
(BADEN).

FAHR

FAHR

MAN 6S2

Hersteller	MAN- Augsburg (D)		
Typ	MAN 6 S2		
Zylinder	6	Hubraum	5800 cm³
Leistung	75 PS	Gewicht	4075 kg
Bauiahr	1958		

Ende der 50er Jahre hatte MAN eine breite Angebotspalette im leistungsstarken Segment zwischen 40 bis 60 PS. Die Maschinen wurden bevorzugt mit Allradantrieb gekauft. So verkaufte MAN vom 40 PS starken Allrad 4R2 über 1.700 Maschinen und nur 68 Traktoren derselben Maschine mit Hinterradantrieb.

MAN versuchte mit allen Mitteln seine Absatzzahlen zu steigern. Mit einer immer feiner abgestuften Angebotspalette hoffte man Marktanteile zu gewinnen. Die Entwicklung eines Traktors mit 6-Zylinder und 75 PS (Motor aus dem LKW Bereich) sollte die Palette nach oben abzurunden. Es entstanden einige Vorserienmaschinen (siehe Fotos). Der Traktor ging jedoch nie in Serie.

Während MAN Ende der 50er-, Anfang der 60er-Jahre um 6.000 Einheiten absetzte, lieferte Porsche Friedrichshafen fast die dreifache Menge aus.

Im Jahre 1963 wurden noch 143 MAN Traktoren gefertigt. Dann kam das Aus.

Für den Straßenverkehr wurden viele MAN's auch mit fester Kabine angeboten

Der Fahrer hat alles im Blick

Der 6-Zylindermotor interessiert auch die Kuh

Hanomag R 455 S

Hersteller	Hanomag - Hannover (D)		
Typ	Hanomag R 455 S		
Zylinder	4	Hubraum	5702 cm³
Leistung	55 PS	Gewicht	5200 kg
Bauiahr	1958		

In den ersten Jahren nach dem Zweiten Weltkrieg fertigte Hanomag zunächst noch die Vorkriegsentwicklung R40. Ab 1952 kam das stärkere Modelle R55 mit D57 Motor und jetzt 55 PS auf den Markt.

Der Traktor hatte die Ausrüstung, die bei vielen Wettbewerbern Standard war: ein Fünfganggetriebe mit Kriechgang für Arbeiten, z.B. mit angehängtem Mähdrescher, eine Hydraulische Abreißkupplung als Absicherung für Überlast bei Anbaugeräten, eine Dreipunkthydraulik, ein Fahrerhaus, optional eine Winde oder eine Motorzapfwelle. Das Highlight dieser Baureihe war der ATK mit hydraulischer Voith Kupplung für sanftes Anfahren auch bei hoher Last.

1957 änderten sich die Typenbezeichnungen. Aus dem R55 wurde der R455. Der Zusatz 5 Stand für Schnellgang mit Höchstgeschwindigkeit 25km/h. Der R455S mit Kabine und Winde war eine bei Zirkusleuten und Schaustellern beliebte Zugmaschine Ende der 50er Jahre.

(Lesen Sie über das Ende der Hanomag AG beim Typ R12)

Der Hanomag - das Universalzugtier

Hanomag 455S mit Claas Anhängemähdrescher

Die Winde und das Rockinger Anhängemaul

Holder B10

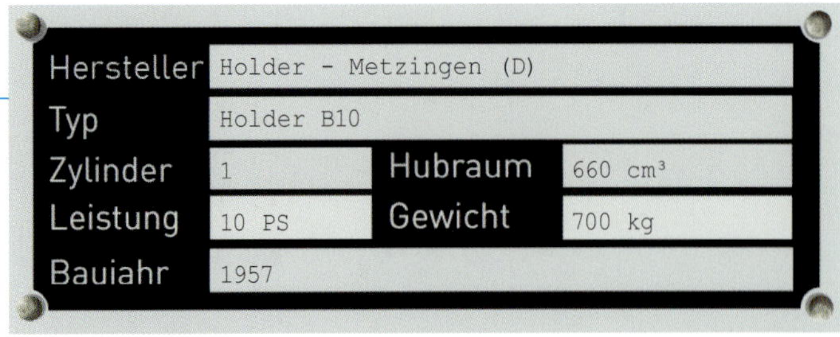

Nicht nur Spritzen- und Einachser-Zugmaschinen, nein Holder war sehr wohl auch mit 4-Rad-Traktoren erfolgreich.

Bereits 1951 wurde der B10 vorgestellt, ein kleiner Alleskönner. Als Kraftzentrale diente ein Zweitakt-Sachs-Dieselmotor mit 5-Gang-Getriebe. Eine Bosch 2-Zylinder-Hydraulik half bei allerlei Anbaugeräten, die alternativ auch über Front- oder Heckzapfwelle angetrieben wurden. Kein Wunder, dass dieser universelle Traktor viele Käufer fand.

Bereits zwei Jahre nach Markteinführung, also 1953, wurden über 2.000 Maschinen pro Jahr verkauft. Der allgemeine Tenor war: »Er brummt der Holder auf dem Acker, er ist nicht schlecht der kleine Racker!«

Der Holder beim Festumzug

Der Holder B10 war nicht unbedingt günstig für DM 3870,00

Der treue Helfer für die kleine Landwirtschaft.

Holder B10 mit ballastierter Egge

Allgaier A 133

Hersteller	Allgaier - Uhingen (D)		
Typ	Allgaier A 133		
Zylinder	3	Hubraum	2467 cm³
Leistung	33 PS	Gewicht	2.500 kg
Bauiahr	1955		

A 122 und A 133 gehörten zur, gemeinsam mit Porsche, neu entwickelten Baureihe. Entwicklungsziel war es, eine ganze Baureihe mit vielen Identteilen kostengünstig auf den Markt zu bringen.

Der A 133 wurde als erste Maschine 1952 angeboten. Ein formschöner Traktor mit 3-Zylinder Dieselantrieb, 33 PS und 5-Ganggetriebe. Es folgten A 111, A 122 und A 144, also mit 1-, 2-, bzw. 4-Zylinder-Motor.

Allgaier war äußerst erfolgreich und exportierte in viele Länder. Im Sommer 1955 lief der 50.000 Traktor vom Band (Uhingen und Friedrichshafen/ Manzell).

Das schnelle Wachstum und die hohen Investitionen waren für das Unternehmen eine immense Herausforderung und Belastung. Allgaier entschied sich den Schlepperbau abzugeben, um sich der Blechverarbeitung und dem Werkzeugbau mit vollem Engagement zu widmen. Manzell und die Schlepperproduktion wurden zum 1.1.1956 an den Mannesmannkonzern verkauft (siehe hierzu Porsche Master).

Der Schlepper »System Porsche«

Formschön von allen Seiten, der A133

Zwei Sitzbänke für die Beifahrer sind Standard

Kleinland AR 18

Hersteller	I.E. Burischek Schlepperbau - Breitenbrunn (D)		
Typ	Kleinland AR 18		
Zylinder	2	Hubraum	1400 cm³
Leistung	18 PS	Gewicht	1050 kg
Bauiahr	1957		

Anfang der 50er Jahre verbaute Ernst Burischek noch Jeep-Komponenten in seinen Traktoren (siehe Kapitel Kleinland Pony).

Der im Jahr 1954 vorgestellte neue Traktor war deutlich professioneller aufgebaut. Für den Antrieb sorgten ein 2-Zylinder MWM Motor mit 18 PS, ein Getriebe in Blockbauweise, 5 Gang, gefederte Vorderradpendalachse, stabile Rahmenkonstruktion und die Motorhaube vom Wettbewerb (LHB) ergaben eine professionelle Maschine mit tiefem Schwerpunkt. Genau das richtige Gerät für die Allgäuer Bauern in der hügeligen Landschaft. Vor allem der Allradantrieb war in schwieriger Hanglage von großem Vorteil. Doch letztendlich halfen alle technischen Argumente nichts, solange der Markt dafür nicht vorhanden war.

Im Rahmen des allgemeinen Sterbens von Traktorherstellern musste auch Burischek 1965 aufgeben.

Der »Kleinland Traktor« war gem. Herstellerangabe auch für große Ländereien geeignet

Gefederte Vorderachse mit Allradantrieb

Der Allrad schafft jeden Berg

Unimog 411

Hersteller	Daimler Benz - Gaggenau (D)		
Typ	Unimog 411		
Zylinder	4	Hubraum	1767 cm³
Leistung	30 PS	Gewicht	1795 kg
Bauiahr	1958		

Nachdem Daimler Benz 1953 die Unimogproduktion übernommen hatte, wurde die Produktionspalette systematisch erweitert. 1956 kam die Baureihe 411 auf den Markt, jetzt mit 30 PS. Das Universal Motorgerät trug diesen Namen zu Recht. Der Käufer konnte aus einer Vielzahl von Optionen wählen, sofern nicht schon im Grundgerät enthalten: Vordere / Hintere Zapfwelle, vordere oder hintere Kraftheber, Riemenscheibenantrieb, Dreipunktaufhängung usw.

Mit dem Kriechganggetriebe war eine Geschwindigkeit von 1km/h möglich, d.h. 16 Meter in der Minute. Die Straßenhöchstgeschwindigkeit lag bei 53 km/h. Speziell für das Transportgewerbe konnte der Unimog 411 mit fester Kabine bezogen werden. Die hintere Pritsche erlaubte eine Zuladung von 24 Zentner. So war oft ein Anhänger gar nicht nötig – Alles in allem wirklich universal, eben ein Unimog.

Mit Mähwerk (späterer Anbau)

Seltene Option: mit Plane

Der Unimog im Prospekt

Steyr T84

Hersteller	Steyr Werke - St. Valentin (AT)		
Typ	Steyr T84		
Zylinder	1	Hubraum	1330 cm³
Leistung	18 PS	Gewicht	1220 kg
Bauiahr	1959		

Die Steyr Werke waren, und sind noch heute, der größte Traktorhersteller in Österreich. Im Jahr 2005 wurde der 500.000ste Traktor ausgeliefert. Das Logo auf jedem Traktor gleicht einem Fadenkreuz. Kein Wunder, denn noch 1926 firmierten die Steyr Werke als »Österreichische Waffenfabriksgesellschaft«. Später als Steyr-Daimler-Puch kamen Automobile, LKW's und dann Traktoren ins Portfolio.

Die 1-Zylindertraktoren 80, 84 und 86 wurden von 1956 bis 1975 über 93.000 Mal verkauft, also ein richtiger Verkaufsschlager. Interessant waren die Leistungsangaben in der Werbung. So hieß es beim hier abgebildeten T84: Zugkraft am Haken 1.300 kg - 3,5 to Anhängelast im 4. Gang. Bei 20% Steigung auch 3,5 to, aber dann im 1. Gang. Die Pflugleistung beträgt 1,4 ha / 10 h mittelschwerer Boden, 20 cm tief.

Im Prospekt des 84e heißt es, 50% der Traktornutzung sind Transportarbeiten. Daher hat der neue 84e eine Endgeschwindigkeit von 26 km/h. Ihr Traktor ist schnell und zugstark.

Kein Wunder, dass es hieß: »Steyr das rote Wunder fährt den Berg rauf wie andere runter«. Heute gehört das Unternehmen zur Gruppe Case New Holland Global.

Der »Hackfruchttraktor«

Die Winde um gefällte Stämme aus dem Wald zu ziehen

Ein Steyer-Traktor in kompetenter Besetzung

Fahr D88

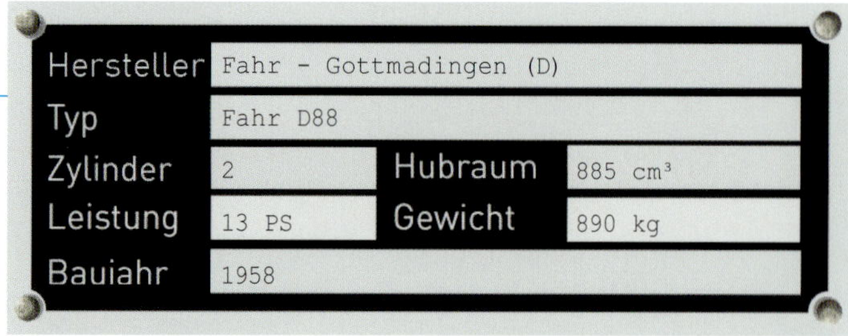

Im Juni 1958 beschlossen Fahr Gottmadingen und Güldner Aschaffenburg eine Produktionsallianz. Güldner fertigte die Modelle bis 20 PS, Fahr die größeren. Beide Hersteller vertrieben die ganze Palette, jedoch immer in ihrer Hausfarbe.

Der hier gezeigte D88 wurde zunächst von Fahr entwickelt. Er war ein Vertreter der neuen Generation mit modernem Erscheinungsbild und es war ein Tragschlepper mit der Möglichkeit, Arbeitsgeräte zwischen den Achsen anzubauen.

Fahr konnte von 1956 bis Anfang 1959 4.114 Maschinen diesen Typs absetzen. Dann übernahm Güldner die Produktion und beide Unternehmen verkauften in zwei folgenden Jahren weitere 1.390 Maschinen.

Um die Zukunft des Unternehmens sicher zu stellen, verkaufte die Familie Fahr 1961 25,1% der Anteile an Deutz. Dennoch lief 1962 der letzte Fahr vom Band. Deutz übernahm Schritt um Schritt 100% der Anteile. Fahr und Deutz sind heute Teil der SDF. Im Rahmen der weltweiten Konzentration ist dies einer der großen Hersteller, Same Deutz Fahr, kurz SDF.

Fahr Traktor D88 mit Sähmaschine

Der Traktor D88 am Bodensee

Der Mähwerksantrieb und noch viel Platz für Zwischenachsanbau.

Dieser Landwirt hatte einen modernen Traktor, aber das Stroh wurde noch von Hand verladen.

Lanz 6006

Hersteller	Lanz - Mannheim (D)		
Typ	Lanz 6006		
Zylinder	1	Hubraum	7370 cm³
Leistung	60 PS	Gewicht	3840 kg
Bauiahr	1957		

Der klassische Bulldog bekam nach und nach Schwierigkeiten in den 50er Jahren. Der Wettbewerb international wurde härter, auch der TÜV wollte das Anlassen mit dem Lenkrad nicht mehr dulden. Lanz musste sich weiterentwickeln. Man versuchte neue Wege einzuschlagen, zum Beispiel mit dem 16 PS Allzweck Bauern Bulldog, oder mit dem Halbdiesel, später dann mit dem Volldiesel Bulldog. Die Fahrzeuge konnten einfacher gestartet werden, z.B. zunächst mit Benzin und dann wurde auf Diesel umgestellt und natürlich mit einem »Pendelanlasser«, also nicht mehr von Hand. Bei dem Volldiesel ab 1955 wurde elektrisch vorgeglüht, so dass Benzin nicht mehr nötig war. Lanz blieb jedoch seinem Prinzip des liegenden Einzylinder Motors treu, einer von diversen Sargnägeln.

Nach über 200.000 verkauften Bulldogs übernahm 1956 John Deere die Aktienmehrheit. Die Tage des Glühkopfmotors waren gezählt. Schon bald wurden in Mannheim die grünen Mehrzylinder Dieselfahrzeuge produziert.

Rechts unten das Doppelpedal zum Bremsen, rechtes und linkes Hinterrad

Auch die letzten Modelle von Lanz hatten überwiegend die alte Technik

Lanz in neuer und alter Generation beim Pflügen

Porsche Master 418

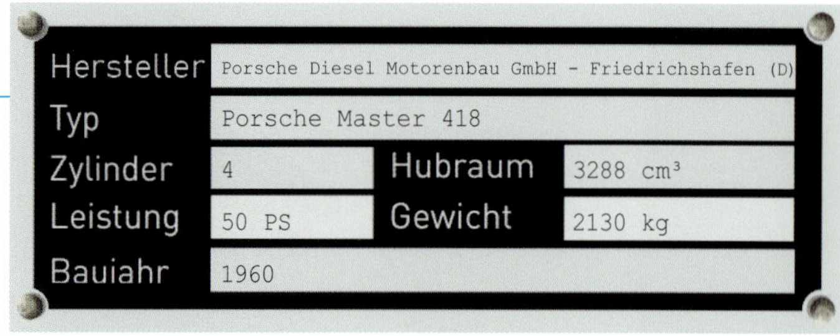

Der Porsche Master in seinen diversen Varianten 408/409/418/419 und 429 war die stärkste Maschine der breiten Angebotspalette der Porsche-Diesel-Motorenbau GmbH.

Der im Foto gezeigte 418 löste im Jahr 1960 den 408 ab, mit modernem 8-Gang ZF Getriebe (4 Ackergänge, 4 Transportgänge). Die Maschinen boten viele Optionen. Ein Beispiel: das Ballastieren. Für bessere Traktion konnten unter der Haube vier Gewichte à 34 Kilo untergebracht werden. An der Flanschplatte konnte 55 Kg befestigt werden. An der Hinterachse fanden vier Gewichte à 30 kg Platz und in den Hinterrädern je 60 kg. Die Hinterräder konnten zusätzlich mit Wasser befüllt werden, also 160 kg je Rad zusätzlich. Alles in allem waren somit zusätzlich 750 kg möglich. Trotz toller Technik konnten nur wenige Master verkauft werden.

Der Master ist ein begehrter Sammlertraktor, der heute das Vielfache seines einstigen Verkaufspreises wert ist.

Im Jahre 1960 produzierte Porsche-Diesel 18.427 Traktoren in Friedrichshafen-Manzell. Der Wettbewerb international war in den Folgejahren immer härter geworden, die Nachfrage in vielen Ländern war eingebrochen. Viele Unternehmen gerieten in wirtschaftliche Schwierigkeiten, so auch Porsche-Diesel.

Im Jahre 1963 wurde das Unternehmen aus wirtschaftlichen Gründen dicht gemacht und an Renault (heute CLAAS) verkauft.

Der Master – der Großschlepper, wie es im Prospekt hieß

Der schönste Schlepper der 60er Jahre wie viele sagen

Selbst das Armaturenbrett ist übersichtlich geordnet

Im Doppelpack noch schöner.

Massey Ferguson MF 95

Hersteller	Massey Ferguson – Hopkins Minnesota (USA)		
Typ	Massey Ferguson – MF 95		
Zylinder	6	Hubraum	10500 cm³
Leistung	75 PS	Gewicht	3600 kg
Bauiahr	1959		

Harry Ferguson erfand bekanntlich kurz vor Ausbruch des Zweiten Weltkrieges die 3-Punkt Hydraulik. Nach Kooperation mit verschiedenen Firmen, u.a. Ford, brachte Ferguson sein Knowhow in die Fusion mit Massey Harris ein. Es entstand 1953 Massey-Harris Ferguson. Das Emblem mit drei Dreiecken ist symbolisch für die neue Firma. Ferguson verkaufte jedoch alsbald sein Aktienpaket und trat den Ruhestand an.

Die Firma Massey Ferguson (ab 1958 ohne Harris in der Firmierung) entwickelte sich prächtig. Ende der 50erJahre fehlte jedoch ein großer Traktor im Portfolio. Das Unternehmen einigte sich mit Minneapolis Moline auf eine Zulieferung des M.M Models 6BD in rot. MF vertrieb die Traktoren unter der Bezeichnung MF 95 bzw. MF 97. Es war für diese Zeit, und selbst für Amerika, ein großer Traktor. Der spätere MF 97 hatte mit 108 PS ordentlich Power und die Höchstgeschwindigkeit lag über 30 km/h. Trotz aller Vorteile, die Verkaufszahlen erfüllten bei weitem nicht die Erwartungen.

Mehr Info beim MF 1200.

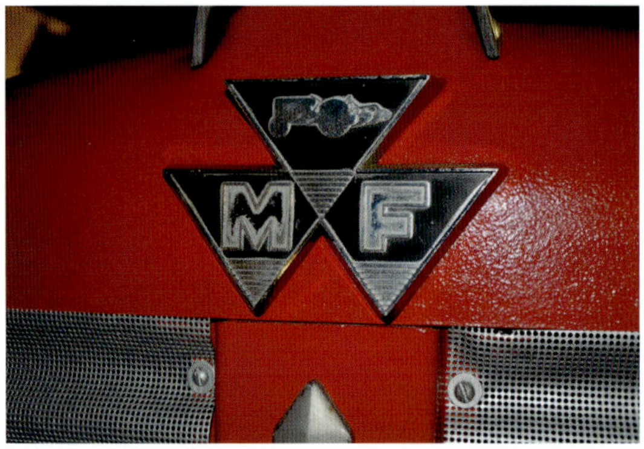

Holder E12

Hersteller	Holder - Metzingen (D)		
Typ	Holder E12		
Zylinder	1	Hubraum	600 cm³
Leistung	12 PS	Gewicht	390 kg
Bauiahr	1961		

Trotz aller Erfolge bei 4-Rad-Schleppern und Knicklenkern entwickelte Holder kontinuierlich sein 1-Achs-Programm weiter.

1960 wurde der E12 vorgestellt. 30 Jahre Erfahrung waren in die Entwicklung eingeflossen. Die Maschine verfügte über ein 6-Gang-Getriebe mit Differential (inkl. Sperre). Dazu gab es serienmäßig Fräs- und Kriechgang. Oft wurde diese Maschine mit einem Anhänger zum 4-Rad-Traktor aufgewertet. Der Fahrer saß auf dem Hänger und hielt die beiden Holme zum Lenken. Wie bei den Vorgängermodellen wurde die bewährte Vielzahl von Anbaugeräten angeboten.

Viele Kleinbauern und Nebenerwerbslandwirte entschieden sich im aufstrebenden Wirtschaftswunderland für diese Maschine.

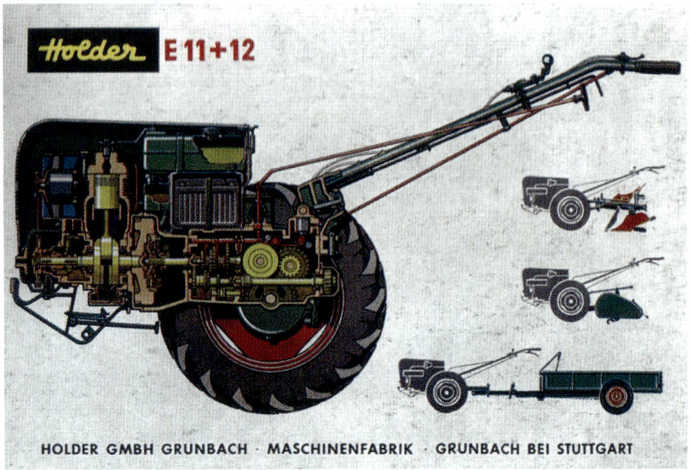

Das Schnittbild zeigt den kompakten Aufbau der Maschine

Holder E12 mit Mähwerk

Der E12 beim Pflügen mit Ballastgewichten

Porsche Junior 108L

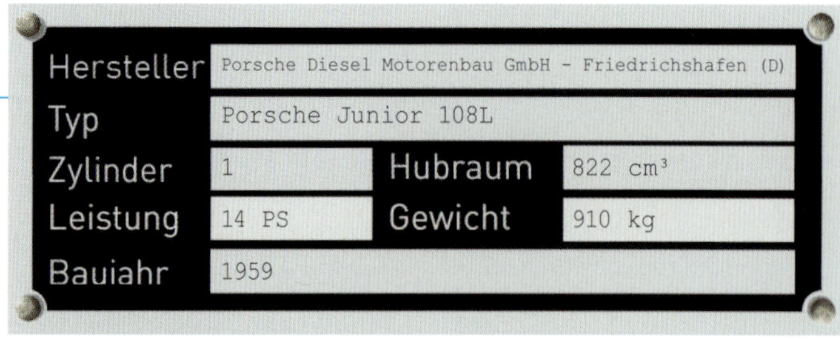

Zum 1.1.1956 hatte der Mannesmann Konzern die Traktorproduktion und das Werk in Manzell am Bodensee übernommen. Hierzu wurde die Porsche-Diesel-Motorenbau GmbH gegründet. Die neue Gesellschaft erweiterte die Produktionsmöglichkeiten und brachte bereits im Herbst 1957 die neuen roten Modelle Junior 14 PS, Standard 25 PS, Super 38 PS und Master 50 PS auf den Markt.

Zunächst wurde der Junior in vier Varianten angeboten. Junior 108 L wie auf den Fotos gezeigt, L für lange Ausführung, also ein Tragschlepper für den Zwischenachsenbau geeignet.

Das Gegenstück war der 108 K, also kurze Ausführung.

Beide Maschinen konnten auch mit Ölhydraulischer Kupplung erworben werden, als LH oder KH. Weitere Varianten folgten später.

Die Junior Traktoren waren ein wichtiger Baustein in der kurzen Geschichte der Porsche-Diesel-Motorenbau GmbH. Der Hersteller hatte übrigens keinerlei gesellschaftsrechtliche Verbindung zu Porsche Zuffenhausen. Der Autohersteller hat also nie Traktoren gebaut, wie man immer wieder liest. Es wurden lediglich Ingenieurleistungen geliefert.

Werbung mit Ferry Porsche. Die Familie Porsche war nur durch Ingenieurleistungen mit dem Porsche Traktor verbunden.

Der »Zweitschlepper für den Großbetrieb« - Porsche Junior

Der »Junior« beim Pflügen

Porsche Junior beim Grasmähen

Schlüter Super 650

Hersteller	Schlüter - Freising (D)		
Typ	Schlüter Super 650		
Zylinder	6	Hubraum	5890 cm³
Leistung	62 PS	Gewicht	4500 kg
Baujahr	1962		

In der Werbung hieß es im Jahr 1964 »Schlüter baut die großen Vier«, denn zu dieser Zeit bot Schlüter vier Traktoren der S-Baureihe von 34 bis 80 PS an. Schlüter Traktoren waren schon zu dieser Zeit im oberen Leistungssegment angesiedelt.

Da die Anforderungen an die Zugmaschinen ständig wuchsen, brachte Schlüter 1966 die Super-Baureihe von 38 bis 90 PS auf den Markt und mit dem Super 1500V wagte man sich bis zu 130 PS vor.

Der Super 650 mit der technischen Bezeichnung SF 6600 war einer der ersten 6-Zylinder Traktoren von Schlüter. Die Maschine wurde wahlweise mit Allradantrieb geliefert und konnte ab 1969 mit geschlossener Kabine bezogen werden. Die Kotflügel waren bei der Kabinenversion gekantet (nicht mehr rund) und damit war das typische Erscheinungsbild der Schlüter aller nachfolgenden Generationen geboren. Die »Traktormobilkabine« verfügte über Schiebetüren und geneigte Windschutzscheibe. Optionen wie Heizung sorgten für das Wohlbefinden des Traktoristen. Schlüter war wie so oft seiner Zeit voraus.

Ein Schlüter bei der Ernte von Zuckerrüben

Der Schlüter mit Güllefass

Der 6-Zylinder ergibt eine langgestreckte Bauweise

Hela - Varimot

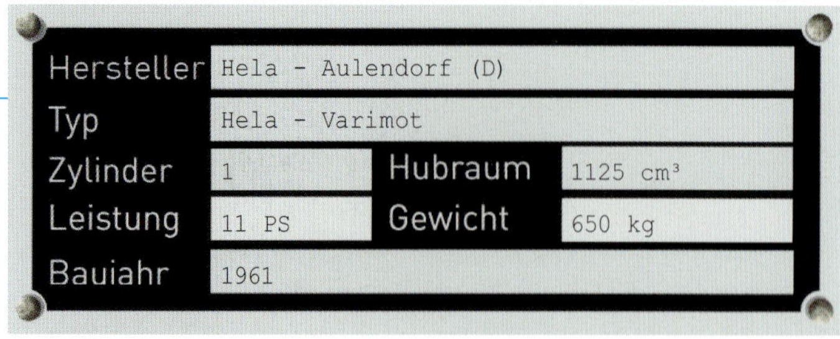

Der Winzer Adam Rodach aus der Pfalz hatte 1948 den ersten Prototyp des Varimot entwickelt. Von der Firma Vari-Diesel in Lampertheim (Hessen) wurde Anfang der 50Jahre in kleiner Serie der Varimot produziert, bis schließlich 1956 Hermann Lanz in Aulendorf die Produktion der Varimot übernahm.

Schon in der Zeit davor wurde eine neue Generation des Varimot als Weinbergschlepper entwickelt, der ab 1956 anfänglich mit 10 PS und dann relativ rasch mit einem 11 PS wassergekühlten Motor ausgerüstet wurde. Eine motorunabhängige Zapfwelle in Front- und Heckbereich garantierte vielfältigste Anbaumöglichkeiten. Die hydraulische Heckaushebung machte es möglich, Anbaugeräte bis zur Senkrechten anzuheben, so dass das Gerät voll geländegängig und kurz in der Gesamtlänge war, auch bei ausragenden Anbaugeräten. Die Spurweite war ja nach Bedarf einstellbar (mit Zwischenstück) zwischen 65 cm und 125 cm. Der Allradantrieb erfolgte über Ketten im Ölbad und gesteuert wurde das Fahrzeug über eine Bremslenkung der einzelnen Räder. Dadurch war hohe Wendigkeit möglich. Das Fahrzeug konnte sich auf der Stelle drehen bei einem max. Radius an der Außenkante von 2,23 m inklusive angehobenem Anbaugerät. Der starke Motor sorgte für hohe Zugleistung, so dass es im Prospekt heißt: «Auch bei schwierigsten Bodenverhältnissen und ungünstiger Witterung macht der Varimot das letzte Zugtier entbehrlich«.

Der Varimot wurde überwiegend an Obst-, Wein- oder Hopfenbauern verkauft, für deren Einsatz es eine Vielzahl an Anbaugeräten gab.

Der Varimot wurde gern mit Frauen beworben

Anbaugeräte können bis zum 90° Winkel angehoben werden. Damit war ein Wenden auf kleinstem Radius möglich.

Varimot mit aufgebautem Tank und Spritze für den Einsatz im Weinbau

Wie man sieht: es ist eine wahre Freude, den Varimot zu fahren

Hakotrac T6

Hersteller	Hako GmbH - Bad Odelsloe (D)		
Typ	Hakotrac T6		
Zylinder	1	Hubraum	250 cm³
Leistung	6 PS	Gewicht	380 kg
Baujahr	1961		

Beim Name Hako denkt man zunächst an Reinigungsmaschinen und weniger an landwirtschaftliche Zugmaschinen.

Der Unternehmensgründer Hans Koch, kurz Hako, erfand schon 1925 eine »DiMoHa«, Abkürzung für die motorisierte Hand. Der auf dem Rücken getragene Motor trieb eine flexible Welle mit einem Hackmesser an. So konnte motorisiert der Boden gelockert und Unkraut ausgerissen werden. Nach der Firmengründung im Jahre 1948 sorgte die legendäre Motorhacke namens »Hakorette« für schnelle Expansion des Unternehmens.

Mit dem hier abgebildeten ersten Vierradtraktor Hakotrac T6, vorgestellt 1960, war das Unternehmen weiterhin auf Erfolgskurs. Nur ein Jahr später wurde die erste Kehrsaugmaschine auf den Markt gebracht.

Heute sind Reinigungsmaschinen und Multifunktionsfahrzeuge (Multicar) die Hauptumsatzträger des Unternehmens.

Der Hakotrac für nur DM 3140,00 inkl. Fahrzeugbrief!!!

Kleine Zugmaschine für kleine Anhänger

Bayr. Pflugfabrik - AGILO

Hersteller	Bayr. Pflugfabrik - Landsberg (D)		
Typ	AGILO		
Zylinder	1	Hubraum	60 cm³
Leistung	2,2 PS	Gewicht	150 kg
Bauiahr	1962		

Die Bayrische Pflugfabrik aus Landsberg/Lech belieferte seit dem Ende des 19. Jahrhunderts die Landwirtschaft mit Pflügen, später Heuwender, Häcksler und sonstigen landwirtschaftlichen Maschinen.

Anfang der 60er Jahre überraschte das Unternehmen mit einem kleinen Mehrzweckfahrzeug. Spötter nannten das Gerät »Schubkarre mit Sitzgelegenheit«.

Der Motor mit Antriebsrad und Fahrersitz, konnte beliebig 360° gedreht werden, so dass der Fahrer die Pritsche hinter oder vor sich hatte beim Fahren. Ein Rückwärtsgang war natürlich überflüssig. Der Pritschenaufbau konnte durch eine Kippmulde ersetzt werden und damit konnte das Fahrzeug nicht nur in der Landwirtschaft, sondern auch am Bau und in der Industrie Verwendung finden. Das Prospekt des AGILO nennt viele Vorteile: »Führerscheinfrei«, Steuerfrei, zulassungsfrei« oder: »kein Kuppeln, kein Schalten, nur Starten und Gas geben«.

Trotz aller Vorteile, der Erfolg blieb aus und 1974 meldete das Unternehmen Konkurs an.

Mögliche Fahrtrichtung

Andere Fahrtrichtung

Drehbare Antriebseinheit

Prospekt mit diversen Nutzungsmöglichkeiten

IHC 4100

Hersteller	International Harvester, Illinois (USA)		
Typ	IHC 4100		
Zylinder	6	Hubraum	7037 cm³
Leistung	97 PS	Gewicht	5987 kg
Bauiahr	1966		

Die wenigen IHC 4100 in der Landwirtschaft waren natürlich rot. Der Konzern lieferte jedoch seine Baumaschinen und alle Maschinen in der industriellen Anwendung in gelb.

1961, seiner Zeit voraus, brachte International Harvester einen 300 PS starken Traktor auf den Markt. Er hatte vier gleich große Räder und Allradantrieb sowie Allradlenkung. Aus heutiger Sicht die Toptechnologie. Der Absatz hielt sich nicht zuletzt wegen des hohen Kaufpreises in Grenzen. Deshalb brachte IHC 1966 die kleinere Version, den IHC 4100 auf den Markt, wahlweise mit Allrad oder Hinterachsantrieb und Allradlenkung. Der Preis lag bei der Markteinführung bei 18200 Dollar für die Allradversion. Es half alles nichts – nur ca. 1.200 Stück fanden einen Käufer, vor allem in der Bauindustrie. War der Vorgängertraktor mit ca. 300 PS übermotorisiert, war der 4100 zu schwach motorisiert.

Die weitere Geschichte von International Harvester ist von unendlich vielen Mergers und Akquisition gekennzeichnet.

Heute heißt der Konzern CNH Industrial mit Marken wie Steyr, New Holland, Fordson, Fiat ... und ist nach John Deere die Nummer Zwei am Weltmarkt. Ob dies alles noch zutreffend ist, sowie dieses Buch gedruckt ist??

Schwerer Ballast hinten

Der CAT 6-Zylinder

Allradlenkung hier nicht im Betrieb

NEW CONCEPT in power utilization

When pulling a heavy implement with the new 4100, weight transfer balances weight equally over all four wheels. Result is complete utilization of power, tremendous traction and flotation. 4-wheel or 2-wheel steer (change on-the-go). 4-wheel or 2-wheel drive (flip a lever). One-hand power steering. 13½-foot turn radius. Hydraulically adjustable drawbar, optional. 8 forward speeds, 4 reverse. 100 gal. fuel tank. 4100 works "rings around" comparable crawlers or conventional tractors.

4100 **Four-Wheel Drive International.** 110 drawbar hp (mfg. observed); 429 cu. in. turbocharged diesel engine.

International 4300—World's most powerful wheeled farm tractor. 241 D.B.H.P. Six speeds. Pulls 10-bottom plow up to 6½ mph. Has front wheel steer, 4-wheel steer, crab-steer. Rigid unitized construction. Dual hydraulic system. Wide choice of big implements available.

International TD-6 has 58 net hp, 6-cylinder diesel engine. 5-6 plow power. Five forward gears. Tremendous lugging ability. Pulls 2,150 to 11,000 lb at speeds from 1.3 to 6.6 mph. Track rollers have 1,000 hr lube interval. T-6 has gasoline engine.

New International 500 36 hp, PTO (mfg. observed). Gasoline or diesel. 5 forward speeds. Available with TA. 500 hour track rollers.

12

Der Baumaschinenprospekt des Konzerns

Fendt Favorit 3A

Hersteller	Xaver Fendt GmbH - Marktoberdorf (D)		
Typ	Fendt - Favorit 3A		
Zylinder	4	Hubraum	2800 cm³
Leistung	52 PS	Gewicht	2600 kg
Bauiahr	1966		

Nach dem Krieg entwickelte sich das Unternehmen Fendt sprunghaft und konnte bereits 1961 den 100.000 Traktor, gefertigt in Marktoberdorf, feiern (zum Vergleich im Jahr 1948 wurden weniger als 300 Maschinen fertiggestellt)

Jetzt 1961 verließ alle sechs Minuten ein Traktor die Fertigungsstraßen. Inzwischen hatte auch der Favorit das Dieselross abgelöst. Der Favorit 3, im Herbst 1963 vorgestellt, war zunächst die stärkste Maschine mit 52 PS (später 55 PS) und der erste 4-Zylinder bei Fendt. Das neue ZF Halbsynchrongetriebe mit 20 Gängen ermöglichte Geschwindigkeiten zwischen 0,25 bis 30 km/h. Stark umworben wurde der Favorit 3A mit Allradantrieb. »Bessere Zugkraft auch unter schwierigen Bedingungen, verringerter Schlupf bei schweren Zugarbeiten, bessere Spurhaltung am Hang...« Allerdings war die Maschine nicht billig: Hinterradantrieb 19.240,00 DM, Allradantrieb 24.805,00 DM.

Fendt entwickelte sich über die Jahrzehnte prächtig und war oft Technologieführer. Die Qualität und Robustheit der Traktoren von Fendt wird bis heute uneingeschränkt anerkannt. Im Rahmen der allgemeinen Konzentration und Globalisierung entschlossen sich die fünf Erben von Xaver und Herman Fendt 1996/97 schließlich alle Anteile an die AGCO AG aus Duluth Georgia (USA) zu übertragen.

Der Fendt mit Claas Mähdrescher im Schlepptau

Die Vorteile des Allradschleppers

Die Vorderachse zeigt den Allradantrieb

Und immer noch ein »Dieselross«

Deutz 9005

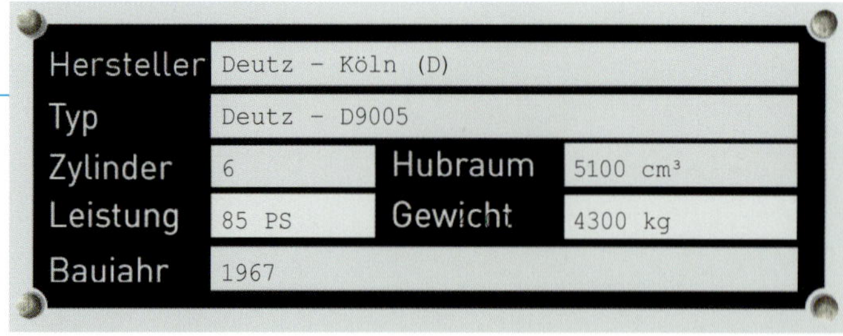

Noch vor dem Zweiten Weltkrieg hatten sich eines der größten Industriekonglomerate gebildet - KHD - Klöckner-Humboldt-Deutz. Das zugehörige Abkommen wurde 1953 wieder aufgelöst, aber der Name KHD wurde beibehalten.

Ende der 50er Jahre stellte Deutz die Typenbezeichnung um. Künftig gab es die D-Baureihen ...05, ...06, ... (D=Serie). Ab 1965 so zum Beispiel die D...05 Reihe. Die zwei Zahlen vor der 05 gaben die Leistung in PS an. Der D9005 war die größte und stärkste Maschine dieser Baureihe. Das Flaggschiff wurde von einem 6-Zylinder-Motor (85 PS aufgerundet 90, also 9005) angetrieben und war wahlweise mit Allradantrieb erhältlich. Das Getriebe war von ZF mit 12 Vorwärts- und fünf Rückwärtsgängen (der sechste Gang war gesperrt, da zu schnell). Wahlweise waren auch 16 Vorwärts und sieben Rückwärtsgänge möglich.

Es war ein mächtiger Traktor, absolute Oberklasse und er zog den Sechsscharpflug bei fast allen Böden. Der Deutz 9005 konnte auch schwere Lasten auf der Straße ziehen und auch wieder stoppen, dank hydraulischer Bremse, ein Novum in dieser Zeit im Traktorbau.

Mit einer Höchstgeschwindigkeit von nahezu 60 km/h war der Traktor für diese Zeit richtig schnell. Da hieß es oft: »Sind die Hühner platt wie Teller war der Deutz mal wieder schneller«.

Da der 9005 nur etwas über 200 Mal gebaut wurde, ist es ein äußerst gesuchtes Exemplar in Sammlerkreisen.

Lesen Sie mehr über Deutz beim D13006.

Der Allradantrieb

Die äußerst stabile Vorderachse mit dem Allradantrieb

Unimog 416

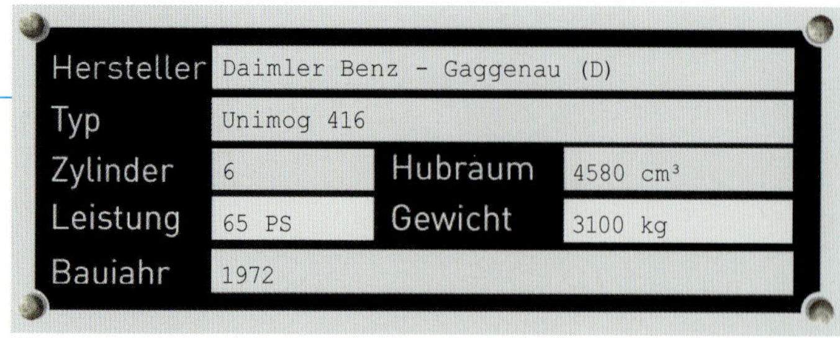

Über die Jahre eroberte sich der Unimog immer mehr Einsatzgebiete und Marktanteile. Aus dem 406 (Radstand 2380 mm) abgeleitet, wurde ab Mitte der 60er Jahre der Unimog 416 angeboten mit Radstand 2900 mm. Die Möglichkeit, das Basisfahrzeug mit zwei verschiedenen Rahmenlängen (4350 mm bzw. 4830 mm) zu bestellen, ermöglichte eine Vielzahl von Aufbaumöglichkeiten. Alles von der Schneefräse bis zum Kanalreinigungsgerät oder Ladekran (siehe Bild) wurde von Drittfirmen angeboten.

Um die Vielzahl zu beherrschen wurde zwischen Baureihe (also hier 416) und Typ unterschieden.

Typ U80 war die Sattelzugmaschine. U90 war mit Doppelkabine ausgestattet. Typ U 100 kam vor allem beim Militär verschiedener Länder zum Einsatz.

Der Unimog mit Aufbaukran, Marke Atlas

Zwei Generationen im Einsatz. Der 416 mit Claas Anhängemähdrescher

Große Reichweite für alle Hubarbeiten

Hintere Abstützung

Deutz D13006

Hersteller	Deutz - Köln (D)		
Typ	Deutz - 13006		
Zylinder	6	Hubraum	5662 cm³
Leistung	120 PS	Gewicht	4650 kg
Bauiahr	1973		

DEUTZ DIESELSCHLEPPER

Im Jahre 1968 übernahm Deutz die Firma Fahr Gottmadingen (ab dann Deutz-Fahr). In diesem Jahr wurde auch die 06 Baureihe vorgestellt. Die Motorhaube war nicht mehr rund gewölbt, sondern kantig. Im Laufe der Jahre gab es eine Vielzahl von Traktoren dieser Baureihe in jeder Leistungsklasse. Der 16006 war der stärkste Traktor mit 160 PS und Knicklenkung. In der klassischen Bauweise war der 13006 die stärkste Maschine mit 120 PS und Allradantrieb. Es war die Zeit der Kabinen aufgekommen. Kabine, Bodenplatte und Kotflügel bildeten nun eine Einheit und mehr Komfort für den Fahrer, da die Einheit auch noch in Gummi verlagert war. Heizung und Scheibenwischer waren Standard, die Lüftung gab es optional. Deutz Fahr konnte sich 1985 den amerikanischen Hersteller Allis Chalmers einverleiben. Im Jahr 1995 wurde die gesamte KHD Agrartechnik an die Same Lamborghini Hürlimann Gruppe verkauft, die sich fortan Same Deutz Fahr s.p.a. nannte, mit Sitz in Treviglio (Bergamo) in Italien. Die SDF s.p.a. ist heute eine der wenig verbliebenen »Big Player« im Traktorenmarkt.

Der größte Traktor der Deutz 06-Baureihe

Gute Sicht nach hinten für den Fahrer beim Ankuppeln von Hängern

Das klassische Deutz Emblem

DEUTZ

Trotz geschlossenem Fahrerhaus, war eine gute Übersicht für den Fahrer nach allen Seiten vorhanden

Kramer 1014 TS

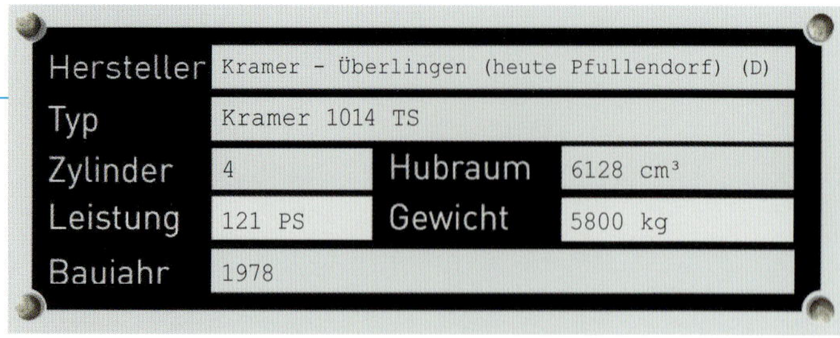

Ende der 50er Jahre befassten sich die Kramer Werke auch mit Baumaschinen und folgerichtig auch mit Allradantrieb und Knicklenkung. Dieses Know-How fand sich in einem Entwicklungsprojekt »Zweiwegtrac für die Landwirtschaft« wieder. Obwohl Kramer 1973 die Traktorherstellung zugunsten von Baumaschinen aufgegeben hatte, wurde dieses Projekt bis 1980 weiterverfolgt.

Es war ein außergewöhnlicher Traktor für den Einsatz in beide Fahrrichtungen mit zwei Fahrständen und schwenkbarem Sitz. Das Lenkrad konnte umgesteckt werden. Die beiden Lenkachsen ermöglichten vier Einstellungen in Betrieb (z.B. Hundegang). Der Wendekreis war nur 7,5 Meter. Die Zapfwelle hinten/vorne drehte mit zwei wählbaren Drehzahlen. Diverse Hydraulik Kreisläufe standen an beiden Seiten zur Verfügung. Die Liste der außergewöhnlichen technischen Daten ist zu lang für dieses Kapitel.

Trotz guter Technik mit kleinen Mängeln konnte der Vertrieb dieses Nischenprodukt mit hohem Preis am Markt nicht durchsetzen. Ganze 157 Maschinen wurden abgesetzt.

Kramer (Pfullendorf) ist heute ein reiner Baumaschinenhersteller und Teil der Wacker Neuson Gruppe.

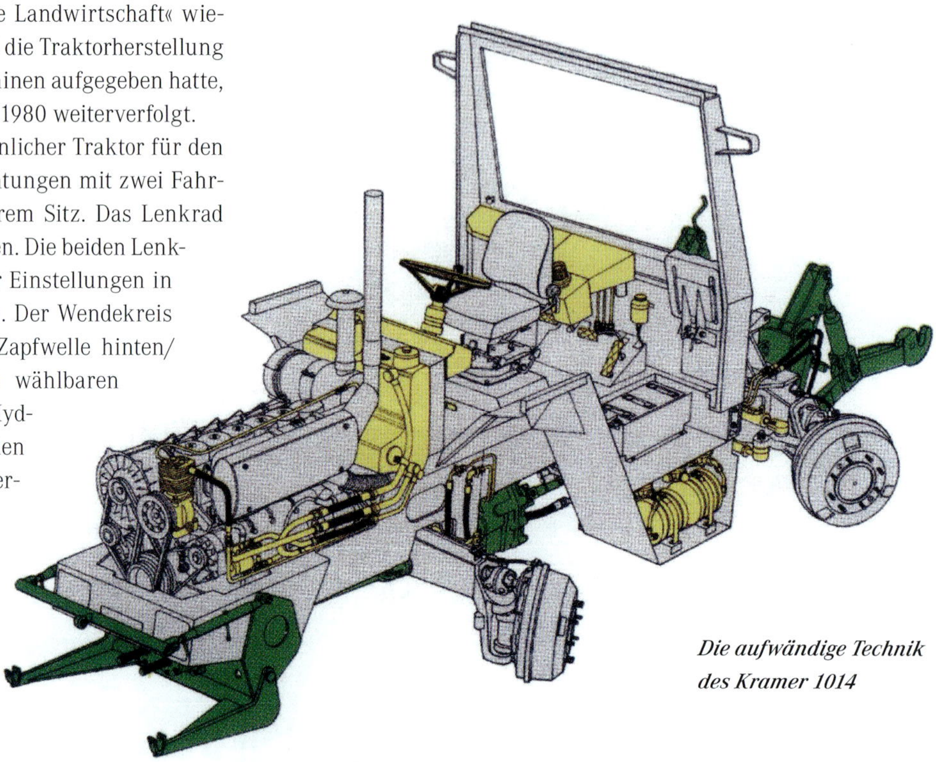

Die aufwändige Technik des Kramer 1014

Das Lenkrad kann umgesteckt werden und der Sitz kann gedreht werden

Fahrerkabine

Das Typenschild der Maschine

Der Kramer mit Allradlenkung

Schlüter Super 2000 TVL

Schlüter war in den 70er-/80er-Jahren bei großen Schlepper Technologieführer. Im September 1975 wurde der Super 2000 TVL auf dem Markt eingeführt und auch der Profi Trac 3000 TVL.

Es waren absolute Spitzenmodelle. Der Kabine und dem ergonomischen »Arbeitsplatz« des Fahrers wurde eine hohe Bedeutung zugeordnet. Bald wurden die Kabinen für Servicezwecke auch kippbar.

Schlüter hatte eine hohe Fertigungstiefe. So wurde der 8-Zylindermotor mit 185 PS des Super 2000 TVL im eigenen Haus in Freising gefertigt.

Eigenproduktion kann von Vorteil sein, aber bei geringer Stückzahl ein großes Kostenproblem ergeben. So auch bei Schlüter, als in den 80er-Jahren der Absatz immer mehr nachließ. Wichtige Kunden waren weggebrochen (ex Jugoslawien), der Wettbewerb hatte bei großen Maschinen aufgeholt.

Trotz neuer Modelle und Gesprächen mit verschiedenen Interessenten (u.a. Daimler, BMW) kam 1993 das Aus für Freising. Der Versuch, die Produktion bei Landmaschinen Schönebeck AG fortzusetzen, scheiterte kläglich.

Am Ende eines harten Arbeitslebens und vor der Restaurierung

Die geradezu luxuriöse Fahrerkabine

»Hightech« am Hintern

Traditionelle und typische Schlüter Werbung

Massey Ferguson 1200

Hersteller	Massey Ferguson - Manchester (UK)		
Typ	Massey Ferguson - 1200		
Zylinder	6	Hubraum	5800 cm³
Leistung	105 PS	Gewicht	3500 kg
Bauiahr	1979		

Massey Ferguson baute in den 70/80er Jahren auch Knicklenker-Traktoren mit Perkinsmotoren. (Perkins war Teil des Massey Ferguson Konzerns). Die »kleinen« MF 1200 und 1250 wurden in England gebaut, die größeren in den USA. Die Wespentaille oder besser das Knickgelenk sollte für optimale Wendigkeit sorgen.

Das Knickgelenk

Der MF kurz vor dem Ruhestand. Für die alten Tage wurde er nochmals hübsch gemacht.

Der MF 1200 kam 1972 auf den Markt, genau zur richtigen Zeit, denn alle Hersteller boten größere Maschinen mit Allradantrieb an. Besonderes Highlight war die Kabine mit optionaler Klimaanlage. Das tägliche Fahren mit dem Knickgelenk war jedoch gewöhnungsbedürftig und fand deshalb nicht allzu viele Liebhaber. Beim Rangieren auf engem Raum war diese Bauart von Vorteil, beim schnellen Geradeausfahren eher ein Nachteil.

MF expandierte in den folgenden Jahren erfolgreich und übernahm bekannte Hersteller wie Eicher, Hanomag (nur einige Jahre).

Heute gehört Mf zum amerikanischen AGCO Konzern, dem aktuell drittgrößten Traktorhersteller weltweit.

Die vielfältigen Anbau- und Antriebsmöglichkeiten hinten

Der MF 1200 erlaubt große Arbeitsbreiten. Historisches Foto

Unimog U 1000

Hersteller	Daimler Benz - Gaggenau (D)		
Typ	Unimog U 1000		
Zylinder	6	Hubraum	5958 cm³
Leistung	95 PS	Gewicht	4500 kg
Bauiahr	1979		

»Es gibt keinen unbefahrbaren Weg«. Spätestens zum 25jährigen Jubiläum der Unimogproduktion in Gaggenau wurde dies jedem klar.

Im Jahr 1976 zum Jubiläum präsentierte Daimler Benz einmal wieder eine neue Baureihe, dieses Mal mit der Zahlenfolge 424.

Inzwischen wurden die Unimogs nur noch in kleinerem Umfang in die Landwirtschaft verkauft. Typ U 1000 Straßenbau kam zum Beispiel sehr oft mit Plattenverdichter oder Aufbaubagger zum Einsatz. U 1000 kommunal war beliebt bei der Straßenreinigung mit Kehrmaschinenaufbau und schließlich gab es noch den U 100T, Triebkopf.

Beim U100T wurde von Mercedes nur der vordere Teil, also Kabine, Antrieb sowie Vorderachse geliefert und der Fahrzeugbauer konnte den Rahmen mit Hinterachse beliebig für seine Anwendung konstruieren und bauen.

Im Jahr 2002 verlagerte Daimler nach 320.000 gefertigten Einheiten die Produktion nach Wörth.

Orange Rundumleuchte für Anhänger und Transporte mit Überbreite

Die oberen Scheinwerfer sind für den Einsatz mit Vorbaugeräten, z.B. Schneepflug, die die unteren Schweinwerfer verdecken

Die aufwändige Technik eines Unimogs

U1000 mit Ackerbereifung

LANDWIRTSCHAFT HEUTE

Bevor Landwirt Armin Breitscheid in seinen Traktor steigt, verbringt er eine halbe Stunde im Büro vor dem Bildschirm. Die Kuh Martha und alle anderen haben einen Sensor am Hals, so dass Armin am Monitor alle Daten einsieht: Gewicht, Eiweißgehalt und Menge der Milch, ... ja selbst wieviel Kilogramm Nr. 1704 (oder besser Martha) frisst.

Zurück im Traktor und auf dem Acker hat er die drei Monitore in der Fahrerkabine, neben den vielen Knöpfen und Hebel, stets im Blick. Smart Farming oder Precision Farming ist angesagt. Der Traktor fährt dank GPS genau und selbstständig. Es gibt keine Doppelbearbeitung und die Sensoren am Trecker messen den Nährstoffgehalt der Pflanzen. Der Rechner legt dann fest, wann und wo wieviel Stickstoffdünger ausgebracht werden muss. Armin verfolgt alles am Bildschirm, Mistgabel und Dreschflegel hängen nur noch zur Deko an der Wand. Ein Großteil der Arbeit findet in der Landwirtschaft heute vor dem Bildschirm statt. Der Landwirt von heute muss natürlich immer noch selbst Hand anlegen, aber er muss geschult sein in den Bereichen, Management, Technik sowie Datenverarbeitung. Lesen Sie jetzt zum Vergleich nochmals Kapitel 1 über das bäuerliche Leben vor 100 Jahren.

Die Anzahl landwirtschaftlicher Betriebe hat in den letzten Jahrzehnten kontinuierlich abgenommen, auf rund 270.000 Betriebe in 2018 (1999 waren es noch 470.000 Betriebe). Die durchschnittlich bewirtschaftete Fläche hat stetig zugenommen, auf ca. 61 ha pro Betrieb in 2018, allerdings sehr unterschiedlich in den Bundesländern. Während in Bayern und Baden-Württemberg die Durchschnittsfläche pro Hof bei ca. 35 ha liegt, ist die Durchschnittsgröße der Höfe in Mecklenburg-Vorpommern 270 ha.

Im Jahre 1900 konnte ein Beschäftigter in der Landwirtschaft vier Personen versorgen. Heute sind es je nach Land 150 Personen oder zum Beispiel in den USA noch deutlich mehr.

Die Mechanisierung und die Motorisierung haben einen entscheidenden positiven Beitrag hierzu geleistet. Manch andere Leistungssteigerung im Bereich Saatzucht oder Massentierhaltung werden jedoch zunehmend kritisch beurteilt.

Das Büro des Landwirts

Das Kettenfahrzeug von John Deere

Die Großtraktoren von Claas

Drei Bildschirme in der Fahrerkabine

Das AUTO & TRAKTOR MUSEUM Bodensee

AUTO & TRAKTOR
MUSEUM BODENSEE

Das AUTO & TRAKTOR MUSEUM in Uhldingen-Mühlhofen am Bodensee hat sich im Laufe der Jahre weit über die Grenzen Deutschlands hinaus zum Treffpunkt für Auto- und Traktorfans entwickelt. Auch ist es ein beliebtes Ausflugsziel für Familien und Gruppen.

Aus einem alten Bauernhof entstand 2012 ein neues Museumsgebäude mit Gastronomie.

Im Frühjahr 2013 wurde das Traktormuseum eröffnet mit vielen ausgefallenen Maschinen und tausenden von landwirtschaftlichen oder hauswirtschaftlichen Gegenständen. Für Abwechslung beim Rundgang durch das Museum sorgen Werkstätten alter Handwerkerberufe, eine Schule, ein Spielwarenladen, eine Waschküche und vieles mehr aus dem dörflichen Leben.

Die Traktoren wurden in den letzten 20 Jahren auf der ganzen Welt ergattert und sind der rote Faden durch die abwechslungsreiche Ausstellung.

Im Frühjahr 2017 wurde die berühmte Autosammlung von Fritz B. Busch im Museum integriert und somit war das AUTO & TRAKTOR MUSEUM geboren.

Dem Besucher wird heute zum einen eine Zeitreise durch das Dorfleben mit Traktoren geboten und eine zweite chronologische Reise durch das Leben in der Stadt mit Automobilen und Motorrädern. In der Stadt werden die typischen Läden der Stadt dargestellt. Pelzladen, Chocolaterie, Friseursalon, Damenbekleidung und verschiedene Wohnzimmer von der Gründerzeit bis in die 70er Jahre.

So gibt es überall etwas zu entdecken. Dem Besucher wird der Zeitgeist anhand von Fahrzeugen in zeitgerechter Umgebung vermittelt. 200 Traktoren, 100 Automobile sowie 50 Motorräder verteilen sich über vier Stockwerke. Die zu jedem Fahrzeug passende Deko verleiht dem Museum ein ganz besonderes Flair. Diese Fülle bietet Unterhaltung für jedermann, Jung und Alt, weiblich und männlich und....

Über 100.000 Besucher jährlich sind begeistert von der Vielfalt des Museums.

Die in diesem Buch dargestellten Traktoren sind, bis auf zwei Ausnahmen, aus dem Fundus des Museums. Die Mehrzahl der Traktoren ist im Museum anzutreffen, einige sind im Depo und oft ist der eine oder andere auf der Strecke zu einer anderen Ausstellung.

Blick ins Automuseum

Ganz Links: Porsche Junior und Master im Museum

Das AUTO & TRAKTOR MUSEUM mit JÄGERHOF RESTAURANT im Ortsteil Gebhardsweiler bei Uhldingen-Mühlhofen

FOTONACHWEIS

1) Aktuelle Fotos:

I. Alle Traktoren:

a. Gerhard Schumacher

II. »Landwirtschaft heute«:

a. CLAAS Vertriebsgesellschaft mbH

b. John Deere GmbH & Co. KG

2) Historische Fotos:

I. Deutz: Archivio Storico/Deutz-Fahr Italia

II. Dieselzwerg: Kevin Wölfle

III. Fahr: FAHR-Schlepper-Freunde

IV. Fendt: AGCO GmbH

V. Hanomag: Horst-Dieter Görg

VI. Lanz: H. Braunstein

VII. Lanz Hela: Thomas und Franz Schoch

VIII. Lindner: Agrarhistorisches Archiv, A-Wels

IX. New Holder: Max Holder GmbH

X. Schweizer Traktoren, wie Bührer, Loki und Meili:
Archiv Verlag Röthlin, Franz Morgenegg, Jörg Schwaninger

XI. MWM Motorpferd: Peter Brendlin

3) Alle übrigen historischen Fotos und Prospekte

sind aus dem Archiv vom AUTO & TRAKTOR MUSEUM